U0046174

.

找G點
不如換地點

101個精選激情升天處

作者

瑪莎·諾曼第
Marsha Normandy
&
約瑟夫·聖詹姆斯
Joseph St. James

101 Places to Have Sex Before You Die

高寶書版集團

引言‥‥‥‥‥‥‥‥‥‥ 004

1 海灘 ‥‥‥‥‥‥‥‥ 006
2 漂浮碼頭 ‥‥‥‥‥‥ 008
3 萬聖節派對 ‥‥‥‥‥ 010
4 棒球場休息區 ‥‥‥‥ 012
5 汽車引擎蓋上 ‥‥‥‥ 014
6 汽車電影院 ‥‥‥‥‥ 016
7 得來速餐廳 ‥‥‥‥‥ 018
8 飛機廁所 ‥‥‥‥‥‥ 020
9 試穿室 ‥‥‥‥‥‥‥ 022
10 告解室 ‥‥‥‥‥‥‥ 024
11 辦公室 ‥‥‥‥‥‥‥ 026
12 影印機上 ‥‥‥‥‥‥ 028
13 老闆辦公桌上 ‥‥‥‥ 030
14 動物園 ‥‥‥‥‥‥‥ 032
15 賭城閣樓套房 ‥‥‥‥ 034
16 攝影機前 ‥‥‥‥‥‥ 036
17 婚姻諮詢師辦公室 ‥‥ 038
18 廚房地上 ‥‥‥‥‥‥ 040
19 國定紀念物 ‥‥‥‥‥ 042
20 醫院病房 ‥‥‥‥‥‥ 044
21 瀑布裡 ‥‥‥‥‥‥‥ 046
22 滑雪纜車 ‥‥‥‥‥‥ 048
23 電梯裡 ‥‥‥‥‥‥‥ 050
24 三溫暖／蒸氣室 ‥‥‥ 052
25 按摩浴缸 ‥‥‥‥‥‥ 054
26 洗衣機上 ‥‥‥‥‥‥ 056
27 壁爐火焰前 ‥‥‥‥‥ 058
28 樓梯上 ‥‥‥‥‥‥‥ 060
29 計程車內 ‥‥‥‥‥‥ 062
30 裝修工地 ‥‥‥‥‥‥ 064
31 豪華禮車 ‥‥‥‥‥‥ 066
32 快照站 ‥‥‥‥‥‥‥ 068
33 鏡屋 ‥‥‥‥‥‥‥‥ 070
34 電話性愛 ‥‥‥‥‥‥ 072

35 淋浴中 ‥‥‥‥‥‥‥ 074
36 露營地 ‥‥‥‥‥‥‥ 076
37 巷子裡 ‥‥‥‥‥‥‥ 078
38 網交 ‥‥‥‥‥‥‥‥ 080
39 網路攝影機 ‥‥‥‥‥ 082
40 第二人生 ‥‥‥‥‥‥ 084
41 椅子上 ‥‥‥‥‥‥‥ 086
42 健身房 ‥‥‥‥‥‥‥ 088
43 儲藏室 ‥‥‥‥‥‥‥ 090
44 遊獵行程 ‥‥‥‥‥‥ 092
45 成人書店 ‥‥‥‥‥‥ 094
46 洗車場 ‥‥‥‥‥‥‥ 096
47 花花公子豪宅洞穴 ‥‥ 098
48 船上 ‥‥‥‥‥‥‥‥ 100
49 彼拉提斯教室 ‥‥‥‥ 102
50 婚禮上 ‥‥‥‥‥‥‥ 104
51 假日的親戚家 ‥‥‥‥ 106
52 博物館 ‥‥‥‥‥‥‥ 108
53 公司的聖誕派對 ‥‥‥ 110
54 電影院 ‥‥‥‥‥‥‥ 112
55 夜店廁所 ‥‥‥‥‥‥ 114
56 計時賓館 ‥‥‥‥‥‥ 116
57 棒球場 ‥‥‥‥‥‥‥ 118
58 鄰居家 ‥‥‥‥‥‥‥ 120
59 演唱會 ‥‥‥‥‥‥‥ 122
60 高中足球場 ‥‥‥‥‥ 124
61 待售空屋 ‥‥‥‥‥‥ 126
62 消防通道 ‥‥‥‥‥‥ 128
63 充氣艇 ‥‥‥‥‥‥‥ 130
64 機車上 ‥‥‥‥‥‥‥ 132
65 沙灘棧道底下 ‥‥‥‥ 134
66 蘋果園 ‥‥‥‥‥‥‥ 136
67 馬背上 ‥‥‥‥‥‥‥ 138
68 雪堆上 ‥‥‥‥‥‥‥ 140
69 中央公園 ‥‥‥‥‥‥ 142

70 電話亭 …………………… 144	86 玉米田裡 ………………… 176
71 墓園 ……………………… 146	87 摩天輪 …………………… 178
72 彈跳床 …………………… 148	88 渡輪上 …………………… 180
73 遊樂設施上 ……………… 150	89 中央公園的馬車上 ……… 182
74 紐奧良狂歡節 …………… 152	90 屋頂上 …………………… 184
75 高爾夫球場 ……………… 154	91 獨木舟上 ………………… 186
76 地下停車場 ……………… 156	92 圖書館書堆 ……………… 188
77 熱氣球 …………………… 158	93 歌劇院包廂 ……………… 190
78 游泳池 …………………… 160	94 吊床上 …………………… 192
79 乾草倉庫 ………………… 162	95 溫室裡 …………………… 194
80 童年臥室 ………………… 164	96 火車上 …………………… 196
81 大賣場 …………………… 166	97 旋轉木馬 ………………… 198
82 電玩遊樂場 ……………… 168	98 橋梁上 …………………… 200
83 樹屋裡 …………………… 170	99 高中同學會 ……………… 202
84 遊樂場 …………………… 172	100 大學校園 ……………… 204
85 雲霄飛車 ………………… 174	101 讀者自選 ……………… 206

圖　示

請利用下列圖示規劃每次愉快的冒險，讓你體驗的愉悅達到最大。書中 101 個場所每個都有一（易如反掌）到五（僅限專家）的難度標示。

難度

該地點可能讓身體不適以及／或者衛生欠佳

可能被逮捕

可能需要賄賂或小費

可能出糗

同志們特別喜歡

最好速戰速決

完成後勾選

有安全風險！

引言

　　人在掛掉之前有許多事情必須嘗試：其中一項就是走出臥室到其他地方來個愛的一發。你一定記得第一次、最慘的一次，也應該記住其中最特殊的性經驗。

　　電視節目「新婚遊戲」主持人鮑伯‧尤班克斯（Bob Eubanks）有個出名的小故事，據說有一次他問「你嘿咻過的最特殊地方是哪裡？」而參賽者回答，「鮑伯，在屁眼。」我們很確定鮑伯不是那個意思。

　　對我們大多數人來說，床上是一切的起點：摸索，緊張的笑聲，刺激的感覺，你真的在跟另一個活生生的人做愛耶！從此之後你一定在床上學會了幾招，至今或許也很清楚自己喜歡什麼。該把這些本領與信心帶上路了，也就是說，請繼續看下去。

　　你嘿咻過的最特殊地方是哪裡？如果你答不出來，我們倒有些好主意——整整一百零一個。我們挑選的某些地方不易抵達，有些挺危險，也有些很吸引人，因為你知道很可能被人看見。某些保證會成為將來向兒孫們誇耀的輝煌時刻（開玩笑的……但至少你跟伴侶可以回味許多年，或許回去再玩一次）。至少都可以當作引誘

伴侶到新地方度假或參加文化活動的極佳藉口。

　　如果你是大學生，你應該不必費太大功夫執行這項計畫。你的身體彈性足以塞進狹窄的地方，如果你被逮到，永遠可以推托是「年少輕狂」。如果你年紀不小而且從未在臥室之外做過，呃……你最好趕快開始。101是個大數字，而且你的生活中還有其他事情要忙──房貸、小孩、工作、弄不到威而鋼。如果你超過六十五歲，我們敢說你已經可以放棄其中一部分地了。最近有研究顯示現代的老人性生活比以前活躍。如果你閱讀這本書時已經在領退休金過活，你真好福氣。

　　有兩件事可以幫您掌握本書的重點：有個表格讓你可以在完成每個地點之後畫掉，標示要不要再回去，同時留下註記（我們相信你會記得，但總是值得參考）。技術面而言，你可以一次完成兩個目標，例如假日到親戚家借住（第 51 項）同時在廚房地上嘿咻（第 18 項），但何必這麼做？這又不是運動錦標賽，重點是在過程。（何況那樣有點噁心。）

　　聽國中健康教育老師的話，使用保險套。還要多動腦子。不要從事對體能極限有威脅、感覺特別不適或危險的活動。盡量享受每個新鮮、愉快、大膽、怪異的場所，但是安全第一。

1

海灘

完成日期：＿＿＿＿＿ 年 ＿＿＿＿＿ 月 ＿＿＿＿＿ 日

地　　點：＿＿＿＿＿＿＿＿＿＿＿＿＿＿＿＿＿＿

再來一次？一定要／或許／不玩了

需要道具：毛巾，手電筒，鑷子

風　　險：小碎片刺傷、溺水、鯊魚

註　　記：＿＿＿＿＿＿＿＿＿＿＿＿＿＿＿＿＿＿

＿＿＿＿＿＿＿＿＿＿＿＿＿＿＿＿＿＿＿＿＿＿＿＿

＿＿＿＿＿＿＿＿＿＿＿＿＿＿＿＿＿＿＿＿＿＿＿＿

　　這是經得起時間考驗的，甚至可以說有點老套。如果你真的在海灘做愛過，就知道感覺不像經典電影場面，倒比較像「怎麼沙子老是跑進股溝裡？」但是，想想波浪的聲音，海水拍打腳趾的感覺──我們當然理解這分魅力。

　　如果你決心實踐這項沙子與海洋的幻想，我們建議一個比較不癢的妥協法：無人的救生員座位塔。老實說吧，你們至少有一個從青少年時期就幻想跟救生員嘿咻。（如果你真的跟救生員做過，算你行，請告訴我們你是怎麼辦到的。）座位塔設計通常能讓兩人並肩坐著，所以有很多活動空間。爬上去的樂趣也不少，但如果已經天黑了要帶手電筒，不然你們只能靠月光帶路。大條毛巾應該足以隔離大多數沙子，記住，如果在上面玩得太瘋，你們可能會意外摔下來。但是座位前方通常有緊急跳落用的沙堆，所以你們應該不會摔死。

2

漂浮碼頭

完成日期：_____ 年 _____ 月 _____ 日

地　　點：_____

再來一次？一定要／或許／不玩了

需要道具：毛巾，鑷子

風　　險：晒傷、碎片、溺水、抽筋、鱷魚

註　　記：_____

_____

_____

我們無法證實，但是相當確定漂浮碼頭發明的目的是讓想嘿咻的營地教職員可以避開敏感的宿營學生窺探。夏令營的歲月或許已經離你相當遙遠，但是如果你從來沒在漂浮碼頭上做過，這玩意兒仍然在等著你。除了必須游泳過去之外，這招不難實踐，如果你們其中一人會狗爬式，把毛巾綁在頭上，那就更好了。漂浮碼頭太棒了……但是附近仍然可能有危險碎片。注意不要接觸湖底。

初次嘗試漂浮碼頭時，請在晚上做，這樣比較不容易被經過的泳客發現。若是構造比較複雜的漂浮碼頭，可以在白晝嘗試。不過這需要比較多創意，其中一人抓著梯子，另一個人在水面下動作。不知情的朋友滑水經過時，記得微笑揮手。

萬聖節派對

完成日期：＿＿＿＿ 年 ＿＿＿＿ 月 ＿＿＿＿ 日

地　　點：＿＿＿＿＿＿＿＿＿＿＿＿＿＿＿＿＿＿

再來一次？一定要／或許／不玩了

需要道具：戲服，面具

風　　險：悶熱、弄壞衣櫥

註　　記：＿＿＿＿＿＿＿＿＿＿＿＿＿＿＿＿＿

＿＿＿＿＿＿＿＿＿＿＿＿＿＿＿＿＿＿＿＿＿＿＿

＿＿＿＿＿＿＿＿＿＿＿＿＿＿＿＿＿＿＿＿＿＿＿

　　沒有比跟陌生人做愛更刺激的事了……而且是你認識的那種。還有什麼地方能讓你跟配偶演出甘迺迪與夢露的性幻想呢？在萬聖節派對上玩起來自有一種刺激跟挑戰性。

　　這件事要預先妥善計畫，小心注意你們選擇的服裝。理論上，兩人一塊套上一件毛茸茸、蓬鬆的服裝可以掩護變態私密的遊戲，但是動作幅度會嚴重受限。如果你在後面，你會被眼前的任何身體部位擋住——感覺可能不太愉快。話說回來，如果你們夠聰明，兩套笨重的服裝可以掩護任何動作。提示：避免穿當年度的流行服裝，像「芭莉絲」或「佛羅多」之類的。如果你摸錯了對象，而她男友就在旁邊，場面就尷尬了。

棒球場休息區

完成日期：＿＿＿＿年＿＿＿＿月＿＿＿＿日

地　　點：＿＿＿＿＿＿＿＿＿＿＿＿＿＿＿＿＿＿

再來一次？一定要／或許／不玩了

需要道具：沒有！

風　　險：界外球、蚊子叮、驚動員警

註　　記：＿＿＿＿＿＿＿＿＿＿＿＿＿＿＿＿＿＿

＿＿＿＿＿＿＿＿＿＿＿＿＿＿＿＿＿＿＿＿＿＿＿＿

＿＿＿＿＿＿＿＿＿＿＿＿＿＿＿＿＿＿＿＿＿＿＿＿

　　運動迷可能認為在棒球場的球員休息區進行性行為是一種褻瀆。但對我們普通人，這只是實現二十年來未完成的幻想罷了。（本書不就是這麼回事嗎？）

　　選擇適當的休息區，請別肖想去大聯盟甚至小聯盟的球場。除非你姓史坦布瑞納（洋基隊老闆），否則根本不可能。但是小城鎮的球場還有可能——某些甚至無人看管。請事先偵查位置與地形，確認是不是當地的熱門約會地點。沒有比嘿咻的時候撞見自己的青春期子女更尷尬的事了。

5

汽車引擎蓋上

完成日期：＿＿＿＿ 年 ＿＿＿＿ 月 ＿＿＿＿ 日

地　　點：＿＿＿＿＿＿＿＿＿＿＿＿＿＿＿

再來一次？一定要／或許／不玩了

需要道具：當然是汽車（越拉風越好）

風　　險：撞凹車子、引擎過熱

註　　記：＿＿＿＿＿＿＿＿＿＿＿＿＿＿＿

＿＿＿＿＿＿＿＿＿＿＿＿＿＿＿＿＿＿＿＿＿

＿＿＿＿＿＿＿＿＿＿＿＿＿＿＿＿＿＿＿＿＿

　　精蟲衝腦的高三學生都可以作證，即使用音響播放搖滾勁歌助興，汽車性愛都不如想像中那麼好玩。這種方式很不舒服，尤其是你不再年輕的時候。當然，在廂型車裡又另當別論。（迷你廂型車不算。在好市多採買嬰兒尿布與日用品之後，在停車場裡邊聽流行歌邊躲在車子裡辦事實在……太窩囊了。）

　　汽車的引擎蓋上是不同的狀況。暗示立即的滿足，表示你們等不及回家脫掉彼此的衣服，這種感覺很性感。涉及的風險多半要看你把車停在哪哩，首先在自家車庫裡「試駕」一下，看雙方是否喜歡。（請確保車庫門遙控器放在手腳誤觸的安全距離之外。）然後再到開放空間去做：森林裡、高處景點、海灘……

汽車電影院

完成日期：_____ 年 _____ 月 _____ 日

地　　點：_____

再來一次？一定要／或許／不玩了

需要道具：汽車

風　　險：車子太小、誤放煞車、誤觸排檔桿

註　　記：_____

_____

_____

　　如果你們決定在車裡做，至少要在有氣氛的地方：可以開車進去的汽車電影院。最大的難處其實是找到一家還在營業的汽車電影院。（廢棄無人的汽車電影院或許別有妙處，但是不符我們的目的。那太輕鬆了。）這是歷史的潮流——汽車電影院一旦消失，就很難再出現。所以在汽車電影院嘿咻也是一種愛國！

　　不需要停在偏遠的地方，你們的窗戶很快就會起霧。如果你們喜歡大聲粗暴的方式，有大量音效的動作片可以幫助掩藏你們的行為，但是何必浪費讓男人坐著看完哭哭啼啼文藝片的唯一機會？如果那部片是《斷背山》，而他對銀幕上的動靜比妳的咪咪還注意，那你們就該好好溝通了。

7

得來速餐廳

完成日期：＿＿＿＿ 年 ＿＿＿＿ 月 ＿＿＿＿ 日

地　　點：＿＿＿＿＿＿＿＿＿＿＿＿＿＿＿＿＿＿＿＿

再來一次？一定要／或許／不玩了

需要道具：汽車、外套、額外紙巾

風　　險：車尾被撞、動脈栓塞

註　　記：＿＿＿＿＿＿＿＿＿＿＿＿＿＿＿＿＿＿

＿＿＿＿＿＿＿＿＿＿＿＿＿＿＿＿＿＿＿＿＿＿＿＿

＿＿＿＿＿＿＿＿＿＿＿＿＿＿＿＿＿＿＿＿＿＿＿＿

　　你們經常停到速食店的得來速車道，結果有十幾輛車圍繞著店面大排長龍嗎？我們有辦法打發時間。可想而知，當然跟性愛有關。你只會待上幾分鐘，但是毛手毛腳甚至快速口交不正是培養胃口的最佳方式？如果你有深色車窗或能阻隔視線的休旅車，那最棒了。如果沒有，伴侶享受你的「快樂餐」時，蓋上長外套或毯子應該也 OK。

飛機廁所

完成日期：＿＿＿＿＿ 年 ＿＿＿＿＿ 月 ＿＿＿＿＿ 日

地　　點：＿＿＿＿＿＿＿＿＿＿＿＿＿＿＿＿＿＿

再來一次？一定要／或許／不玩了

需要道具：無

風　　險：遇到亂流、肌肉抽筋

註　　記：＿＿＿＿＿＿＿＿＿＿＿＿＿＿＿＿＿

＿＿＿＿＿＿＿＿＿＿＿＿＿＿＿＿＿＿＿＿＿＿＿＿

＿＿＿＿＿＿＿＿＿＿＿＿＿＿＿＿＿＿＿＿＿＿＿＿

　　在後九一一的世界裡，參加高空性愛俱樂部可能是一件大費周章的苦差事。我們不知道有沒有正式統計數字，但是最好假設所有的聯邦便衣警探、擁擠班機跟眼尖的空服員都會阻礙興致勃勃的乘客們在途中來一發。但如果你受得了高風險，還是有可能在空中爽一下。

　　最好只在夜間航班嘗試飛機廁所性愛，大多數乘客都會熟睡。等一個小時到客艙燈光關閉，再一前一後跟伴侶迅速混進廁所裡。空間很小，但你可以隨機應變。出來的時候先想好藉口，以防有人看見你們一塊出來。如果是別的乘客，眨眨眼表示心照不宣，若是被空服員逮到，你就慘了。問問看飛機上有沒有律師吧。

試穿室

完成日期： _____ 年 _____ 月 _____ 日

地　　點： _____

再來一次？ 一定要／或許／不玩了

需要道具： 試穿用的衣服

風　　險： 被店員逮到、被針扎到、弄髒衣服非買不可

註　　記： _____

_____

_____

　　購物與性愛……還有比這個更誘人的組合嗎？如果您是女性讀者，有個好辦法讓妳的男人進入眾多購物樂趣的世界。如果您是男士，你的女友需要花點功夫哄騙，試穿室性愛正是打破傳統的好起點。跟你一起血拼或許能令人提起性趣。

　　最好選牆壁完全密封的試穿室，牆跟地板之間有開口的也可以接受。共用的更衣室跟只有拉簾的就不太好，理由很明顯。

　　為了避免單一隔間出現四腳獸，請其中一人站在試穿室凳子上，它的用處就在這裡。

　　小心，許多州允許在試穿室裝雙面鏡，所以你們可能在保全部門眼前上演現場春宮秀。當然，那要看你們喜歡什麼而定，或許反而是一種助興。

提示：穿好衣服之後，請檢查自己跟伴侶身上是否意外包含未結
　　　帳的衣物。美妙的口交之後如果被控扒竊，那就太掃興
　　　了。

10

告解室

完成日期：＿＿＿＿ 年 ＿＿＿＿ 月 ＿＿＿＿ 日

地　　點：＿＿＿＿＿＿＿＿＿＿＿＿＿＿＿＿＿＿

再來一次？一定要／或許／不玩了

需要道具：深色毯子、大頭釘、念珠（請求寬恕）、
　　　　　捐錢（如果念珠不管用的話）

風　　險：木頭碎片、被逐出教會、被偷窺

註　　記：＿＿＿＿＿＿＿＿＿＿＿＿＿＿＿＿＿＿

＿＿＿＿＿＿＿＿＿＿＿＿＿＿＿＿＿＿＿＿＿＿＿＿

＿＿＿＿＿＿＿＿＿＿＿＿＿＿＿＿＿＿＿＿＿＿＿＿

　　「原諒我，神父，我犯了罪……」聽起來不像前戲的臺詞，對吧？我們猜想大多數讀者在教堂裡激烈愛撫或許會心有不安。這點可以理解，甚至令人尊敬，但還是有別的看法。教會唯一認同的性行為是已婚、異性戀、不避孕，所以教宗應該已經對你們很不爽了。與其累積著世俗罪孽好幾週，直到你們有空去告解，何不兩個人一次搞定？彌撒儀式期間你們很難一起溜進告解室裡，所以請避開很可能人滿為患的週日，還有聖誕夜、復活節這種重大節日。以天父、聖嬰與聖靈之名，我赦免你們的罪。阿門。

提示：如果你的性伴侶是牧師就不算數，那樣毫無挑戰性。

辦公室

完成日期：_____ 年 _____ 月 _____ 日

地　　點：_____

再來一次？一定要／或許／不玩了

需要道具：無

風　　險：週一早上尷尬、茶水間謠言

註　　記：_____

_____

_____

　　很多辦公室戀情瞞著人事部門在進行，但是隨興、毫無顧忌在辦公室嘿咻的情況倒是很罕見。理由之一，你的同事很少有真正讓你垂涎的身材。更重要的是，當我們成熟負責到擁有一份正經工作時，我們都知道沒有任何短暫的高潮值得讓人往後幾年打壞跟同事的關係。我們強烈建議，只找隔天早上不會在隔壁座位看見、跟你一樣努力隱藏羞恥後悔情緒的對象去滿足在辦公室嘿咻的幻想。

12

影印機上

完成日期：_____ 年 _____ 月 _____ 日

地　　點：_____

再來一次？一定要／或許／不玩了

需要道具：碳粉匣、玻璃清潔劑

風　　險：可辨識的刺青、胎記

註　　記：_____

_____

_____

　　如果你發生了辦公室祕密戀情，你們雙方應該都是習慣承受風險的人。影印機能讓你們的戀情更加緊張刺激，而且在事後留下好玩的紀念品！

　　這件事絕對要等到下班時間再做。（「冒險」很性感，「失業」則否。）最後一個同事離開後至少等個三小時（以防有人回來拿遺忘的包包或手機）。週六跟週日可能安全一點，看同事的工作習慣而定。確認你們倆是整層樓僅存的人之後，溜進影印室裡。如果你曾經整天連續清除十幾次卡紙，你就知道這玩意兒相當脆弱。務必讓較輕的（應該是女性）一方輕輕坐上影印機，較重的（男性）一方站在機器前。然後按下「影印」、「彩色」、「雙面」鍵（不要按「縮小」鍵，男人絕對不會開心），看看印出來的效果如何！

　　要再好玩一點，可以把影印稿同時傳給朋友（從前的狐群狗黨）跟敵人（前男友、前女友），只要記得先消去傳真機辨識資料就好。

13

老闆辦公桌上

完成日期：_____ 年 _____ 月 _____ 日

地　　點：_____

再來一次？一定要／或許／不玩了

需要道具：紙巾（不用也可以）

風　　險：萬一被逮到的話，連大賣場的掃地阿嬤都
　　　　　比你有前途

註　　記：_____

_____

_____

　　沒有領到辛苦應得的節日獎金嗎？該是報復的時候了。找個願意合作的伴侶，深夜溜進老闆辦公室，把全家福照片跟有的沒的雜物推開，「開始幹活」。

　　在老闆辦公桌上嘿咻過，從此你看老闆的眼光再也不會一樣。即使只能 DIY，我們都建議你試試看！

提示：請克制自己留下任何證據的欲望，除非你已經被開除了。

14

動物園

完成日期：＿＿＿＿ 年 ＿＿＿＿ 月 ＿＿＿＿ 日

地　　點：＿＿＿＿＿＿＿＿＿＿＿＿＿＿＿

再來一次？一定要／或許／不玩了

需要道具：無

風　　險：沾上猴子大便、被爬蟲類嘲笑

註　　記：＿＿＿＿＿＿＿＿＿＿＿＿＿＿＿

＿＿＿＿＿＿＿＿＿＿＿＿＿＿＿＿＿＿＿＿

＿＿＿＿＿＿＿＿＿＿＿＿＿＿＿＿＿＿＿＿

　　動物園可能讓人很興奮……原始的回歸大自然本能是很強烈的動力。猴舍尤其是啟發前戲的好地方。在動物園裡沒什麼隱密的地方，不過有些展示物保證是在黑暗中：蝙蝠室、爬蟲類籠子，通常企鵝也放在伸手不見五指的地方。如果你們夠機靈，辦事的時候還可能被白蟒蛇嚇到咧。也要注意展示的蛇類。

15

賭城閣樓套房

完成日期：＿＿＿＿ 年 ＿＿＿＿ 月 ＿＿＿＿ 日

地　　點：＿＿＿＿＿＿＿＿＿＿＿＿＿＿＿＿

再來一次？一定要／或許／不玩了

需要道具：賭技、運氣、準備花掉的資金（保證會）

風　　險：染賭癮、遇到老千

註　　記：＿＿＿＿＿＿＿＿＿＿＿＿＿＿＿＿

＿＿＿＿＿＿＿＿＿＿＿＿＿＿＿＿＿＿＿＿＿＿

＿＿＿＿＿＿＿＿＿＿＿＿＿＿＿＿＿＿＿＿＿＿

　　如果住在拉斯維加斯的豪華閣樓套房，怎麼可能不嘿咻？你們應該到處嘿咻——床上（最好躺在剛贏來的鈔票上）、心形浴缸裡、俯瞰市區的走道式陽臺上。當然，住閣樓而不用付出天文數字費用需要身懷絕技。你可以試試賄賂清潔女傭暫時別看你們，但也可能得罪她（因為她個性正直或是賄款太吝嗇，在賭城兩者都可能發生）。聽我們的勸：跟賭場保全人員作對必輸無疑。

　　說來奇怪，我們談的是賭城，但在這裡或許誠實才是上策。等到你有足夠運氣（或夠愚蠢，每個人對這種事情見仁見智）在維加斯飯店取得免費招待的閣樓套房吧。不用滿腦子擔心被捕，你們才可以專心賭博、嘿咻、看表演。（對同志而言，優先順序可能不同。）

16

攝影機前

完成日期：_____ 年 _____ 月 _____ 日

地　　點：_____

再來一次？一定要／或許／不玩了

需要道具：攝影機、防晒液、遮斑膏、酒

風　　險：爸媽學會使用 Google

註　　記：_____

_____

_____

　　請相信作者（呃，其中一個），在攝影機前嘿咻是很複雜的事。一方面，如果你有強烈暴露癖，世上最性感的事莫過於此，另一方面，你可能發現這種事得不償失。自己感覺好，不表示別人看起來也很好。人家A片演員有一大群支援團隊——造型師、燈光師、提詞員，而你們呢，應該沒有。如果你跟伴侶的自尊心高於常人（或很有幽默感），那就放手去做吧。先遵照基本模式（這不是嘗試《柯夢波丹》雜誌上「飛天神猴」等等怪異體位的時候），然後拜託，把攝影機裝在腳架上。模糊、晃來晃去的腳部特寫無法讓任何人興奮。

　　我們真的不想提起這一點，但如果你年幼無知，還沒學到為什麼「報復」跟「前女友」經常出現在同一個句子裡：請把帶子小心藏好。愛情很短暫，網路卻是永恆不滅。

17

婚姻諮詢師辦公室

完成日期：_____ 年 _____ 月 _____ 日

地　　點：_____

再來一次？一定要／或許／不玩了

需要道具：白噪音機（white-noise machine）

風　　險：無論這四十五分鐘用來談話或嘿咻，你都
　　　　　得付一百五十美元。

註　　記：_____

_____

_____

　　這種事很麻煩（除非你跟婚姻諮詢師上床），因為房間裡通常有三個人。（但是不一定能難倒你們。或許原本你們的婚姻就只需要這個，果真這樣，我們就幫你省了一大堆錢，你就可以奢侈一下去住第15項的閣樓套房。）

　　試著預約在深夜時段，趁諮詢師跟其他客戶在辦公室，你們在候診室裡做。更妙的一招，等到你們的約定時間，告訴諮詢師你們在激烈又疲勞的諮商之後需要獨處幾分鐘。（若有必要，假裝大吵一架。）善用這幾分鐘，你們就能笑得合不攏嘴。諮詢師會以為是她的功勞，但真相只有你們知道……

18

廚房地上

完成日期：_____ 年 _____ 月 _____ 日

地　　點：_____

再來一次？一定要／或許／不玩了

需要道具：雜貨

風　　險：腳過敏、飢餓的寵物、室友

註　　記：_____

_____

_____

　　八〇年代長大的小孩都忘不了《愛你九週半》，這部火辣的深夜有線臺電影中，當時很性感的米奇・洛克用各種好吃的食物誘惑蒙眼的金貝・辛格（巧克力糖漿、番茄、胡椒等等）——在紐約豪華公寓的廚房地上。那是部大爛片，但是這個場景很性感，而且教育一整個世代學會了冰塊的真正用途。

　　事前準備工作應該不用花太多工夫。事實上，隨興正是魅力的一大部分。當你們剝掉彼此的衣服同時，尋找各種醬料跟食物塗抹在伴侶身上，隨機運用你找到的東西才有趣。警告：如果妳的男人冰箱裡像我們所認識的大多數男人，我們建議在女方家裡嘗試這一項（除非妳認為過期披薩跟瓶裝伏特加調酒很性感）。

19

國定紀念物

完成日期：＿＿＿＿＿年＿＿＿＿＿月＿＿＿＿＿日

地　　點：＿＿＿＿＿＿＿＿＿＿＿＿＿＿＿＿＿＿

再來一次？一定要／或許／不玩了

需要道具：雙筒望遠鏡、騾子

風　　險：特勤幹員、觀光客、岩石刮傷

註　　記：＿＿＿＿＿＿＿＿＿＿＿＿＿＿＿＿＿

＿＿＿＿＿＿＿＿＿＿＿＿＿＿＿＿＿＿＿＿＿＿＿

＿＿＿＿＿＿＿＿＿＿＿＿＿＿＿＿＿＿＿＿＿＿＿

　　國定紀念物的優點是通常位在開闊的戶外空間，有很多機會在愉快的文化旅遊中順便來點性愛。你可以在裸體的同時學到咱們國家的光榮歷史。還有什麼不好？某些國定紀念物比較適合，像懷俄明州的魔鬼塔（Devils Tower）或新墨西哥州的阿茲提克遺跡都是國家級的古蹟，而且很浪漫。請避免到自由女神像或林肯紀念堂去碰運氣，那邊的國土安全部人員可沒什麼幽默感。

　　如果加上一點戶外嬉戲，我們保證你們的大峽谷之旅永難忘懷。騎騾子找個偏僻的地方。我們的忠告？如果要做的話，選在黃昏時刻。這個時段號稱「魔幻時刻」是有道理的。

20

醫院病房

完成日期：＿＿＿＿ 年 ＿＿＿＿ 月 ＿＿＿＿ 日

地　　點：＿＿＿＿＿＿＿＿＿＿＿＿＿＿

再來一次？一定要／或許／不玩了

需要道具：可調式病床、圍簾

風　　險：護士巡房、室友

註　　記：＿＿＿＿＿＿＿＿＿＿＿＿＿＿

＿＿＿＿＿＿＿＿＿＿＿＿＿＿＿＿＿＿＿

＿＿＿＿＿＿＿＿＿＿＿＿＿＿＿＿＿＿＿

　當然了，很少人認為醫院很浪漫。如果你住院了，或許感覺不會太愉快。連續用便盆大小便一星期後，很難讓人想起性愛。而且老實說，病人袍即使讓安潔莉娜‧裘莉來穿也性感不起來吧？話雖如此，你跟生病的愛人還是可以做些事來幫助他復原。

　他或許無法勃起辦事，但是沒有男人不喜歡享受打手槍的（如果不巧他的右手受傷了，他會更加感激妳）。但是記住，光拉上圍簾是不夠的。除非妳想讓全體醫療人員觀賞一場難忘的皮影戲，否則策略很重要。

　如果打手槍還不夠，迅速地互相愛撫或許可以讓你們精神一振。或者利用病人袍的設計，從事探索一下後門的遊戲。就當作心靈雞湯的肉體版吧！

21

瀑布裡

完成日期：＿＿＿＿ 年 ＿＿＿＿ 月 ＿＿＿＿ 日

地　　點：＿＿＿＿＿＿＿＿＿＿＿＿＿＿＿＿＿＿

再來一次？一定要／或許／不玩了

需要道具：無

風　　險：苔蘚、失溫

註　　記：＿＿＿＿＿＿＿＿＿＿＿＿＿＿＿＿＿

＿＿＿＿＿＿＿＿＿＿＿＿＿＿＿＿＿＿＿＿＿＿＿

＿＿＿＿＿＿＿＿＿＿＿＿＿＿＿＿＿＿＿＿＿＿＿

　　不，我們不是建議你去尼加拉瀑布然後一起搭皮筏隨波逐流。當然啦，一定有些白痴會去嘗試，但是我們覺得極限運動跟性愛結合實在不是什麼好主意。

　　我們說「瀑布性愛」，其實指的是大自然間日常隨處可見的小瀑布。它們或許缺乏優勝美地國家公園或尼加拉瀑布的氣勢，但你不用面對觀光客，也不會送命——這是兩大優點。你可以事先規劃，打電話詢問自然保育團體最近的瀑布在哪裡，也可以在下次森林健行發現六、七呎高度的小瀑布時隨興來一下。感覺非常特殊，但是水溫可能很冷。你的那話兒可能縮起來。

　　如果你們希望溼漉漉的性愛也能讓雙方都舒適，那麼人造瀑布最適合你了。前往任何加勒比海度假村或超豪華的水療館。水都是溫暖的，氣溫也很舒適，事後還可以在水上吧臺喝杯雞尾酒慶祝你們冒險成功。

22

滑雪纜車

完成日期：＿＿＿＿ 年 ＿＿＿＿ 月 ＿＿＿＿ 日

地　　點：＿＿＿＿＿＿＿＿＿＿＿＿＿＿＿

再來一次？一定要／或許／不玩了

需要道具：雪橇、護唇膏

風　　險：在難以啟齒的部位凍傷

註　　記：＿＿＿＿＿＿＿＿＿＿＿＿＿＿

＿＿＿＿＿＿＿＿＿＿＿＿＿＿＿＿＿＿＿＿

＿＿＿＿＿＿＿＿＿＿＿＿＿＿＿＿＿＿＿＿

　　我們承認，在滑雪纜車上愛撫聽起來似乎是個令人敬謝不敏的餿主意。首先，氣溫很低。某些身體部位永遠不應該暴露在冰天雪地中，而且等你們解開一層又一層的 Gore-Tex 保暖衣物，纜車已經繞過山頂往下降了。但是，你們能有多少機會在三十呎空中胡搞瞎搞，地面的人卻不清楚為什麼纜繩一直震動？

　　最好選擇曲折漫長的路線，延長在纜車上的時間。（當然，你們最好也具有滑雪技能，不會在滑下陡坡時摔死。）登上緩坡的路線絕對無法提供足夠時間，試圖在 T-bar 上辦事只會讓你們倆出糗。或許可以賄賂操作員讓你們進入無人的車廂，你們就等於有了緩慢移動的旅館房間。如果你們還想繼續用包廂到下面去（我們指的是下山），準備好一張鈔票，賄賂山頂上的老弟。

電梯裡

完成日期：_____ 年 _____ 月 _____ 日

地　　點：_____

再來一次？一定要／或許／不玩了

需要道具：摩天大樓、長大衣、（褲子裡的）棍棒

風　　險：透明電梯、緊急煞車、摔下電梯井

註　　記：_____

_____

_____

　　如同（第 22 項）滑雪纜車，時間是一大考驗，而且電梯的障礙更多。需要仔細規劃跟異常的好運才不會被逮。除了電梯門在大批驚訝的觀眾面前打開（所以要避開購物中心跟飯店，尤其在白天）這種明顯風險，現代電梯大多數裝有監視器。（如果你以為在鏡頭噴上刮鬍膏之類東西就搞定了，請三思。這樣不僅引人注意，而且電梯裡通常有緊急對講機。或許沒人看得見你們，但你真的希望保全人員傾聽你們的動靜嗎？）

　　預作準備的勝算比較大。雙方都應該有衝鋒的精神（不要浪費寶貴時間玩內褲），穿上長大衣遮掩動作。如果你們都喜歡粗魯一點，那麼有護墊的貨梯能夠讓你盡興（你也有機會讓它在樓層之間多停幾分鐘而不引人注意）。直達電梯可以確保不受打擾，但是只有手腳夠快的人才能考慮。畢竟直達意味著時間很短。

24

三溫暖／蒸氣室

完成日期：_____ 年 _____ 月 _____ 日

地　　點：_____

再來一次？一定要／或許／不玩了

需要道具：健康的心臟

風　　險：心臟病、蒸氣讓對方看起來也少了十磅

註　　記：_____

_____

_____

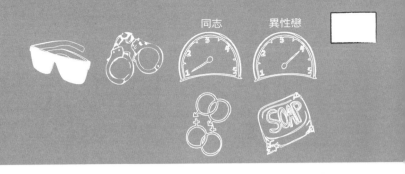

　　這項算是同志的偏好。因為大多數三溫暖跟蒸氣室都是同性集中，或者同志們早就發現沒有比大量蒸氣更能遮掩身材的東西，所以在三溫暖或蒸氣室裡胡搞是出了名的容易。但要記住，如果被逮到，管理階級跟清掃人員，更不用說只是去流流汗的異性戀男客，一定會發飆。

　　異性戀讀者會發現這項特別難辦到。單一性別健身房附設的三溫暖是不可能了，多數飯店的也是。不可能潛入而不驚動別人注意。如果你很有錢，可以自己蓋一座（更棒的是認識有錢人然後自願幫他看家）。或者你也可以造訪三溫暖的發源地芬蘭，幾乎每隔五十呎就有一家。大多數是兩性混合，而且嚴禁穿泳裝帶毛巾──你跟伴侶比較不會惹人注意。只要注意別被浴室老大（saunameister，就是負責在石頭上澆水的老兄。不，我們沒有瞎掰，他們真的這樣稱呼）看見就好。

25

按摩浴缸

完成日期：_____ 年 _____ 月 _____ 日

地　　點：_____

再來一次？一定要／或許／不玩了

需要道具：無

風　　險：酵母菌感染、膀胱發炎

註　　記：_____

_____

_____

在按摩浴缸裡做愛有點老套，而且老實說，樂趣被高估了。對女性而言通常不怎麼舒服，容易有潤滑不足的問題，況且，很容易被汙水造成感染。（很抱歉讓您掃興，但我們如果隱瞞不說就是失職。）另一件有趣的事：如果有人說在按摩浴缸裡嘿咻不會懷孕，那是騙你的！

不過，滑雪勝地的按摩浴缸似乎值得費力一試。戶外是零下氣溫，浴缸裡卻是熱呼呼。我們建議在浴缸裡完成熱身前戲，然後轉移到壁爐火焰前（第 27 項）繼續完成。

26

洗衣機上

完成日期：＿＿＿＿＿ 年 ＿＿＿＿＿ 月 ＿＿＿＿＿ 日

地　　點：＿＿＿＿＿＿＿＿＿＿＿＿＿＿＿＿＿

再來一次？一定要／或許／不玩了

需要道具：待洗衣物

風　　險：皮膚脫色、洗衣機弄壞

註　　記：＿＿＿＿＿＿＿＿＿＿＿＿＿＿＿＿＿

＿＿＿＿＿＿＿＿＿＿＿＿＿＿＿＿＿＿＿＿＿＿＿

＿＿＿＿＿＿＿＿＿＿＿＿＿＿＿＿＿＿＿＿＿＿＿

只需一點想像力，無論如何庸俗，都可能把日常活動變得香豔刺激。答案就在你自己的洗衣間。在運轉中的洗衣機上做愛就像有震動床的廉價旅館——但是更棒，因為免費而且或許比較衛生。這是你們倆一面做家事一面享樂的機會。脫掉你們的衣服，丟進洗衣機裡，設定為「強力洗淨」（何必把時間限制為「快速洗淨」的二十分鐘？），然後告訴伴侶她～～讓～～你～～多～～麼～～興～～奮。在洗衣間做愛讓「家事女神」（domestic goddess）一詞有了全新的意義。當你們一起高速震動，即使平凡的傳教士體位也會變成平衡力與準度的大冒險。

　　如果你們能夠撐到脫水階段，額外加分。

27

壁爐火焰前

完成日期：＿＿＿＿年＿＿＿＿月＿＿＿＿日

地　　點：＿＿＿＿＿＿＿＿＿＿＿＿＿＿＿＿

再來一次？一定要／或許／不玩了

需要道具：火柴、火鉗、滅火器

風　　險：火花燙傷、煙霧嗆傷

註　　記：＿＿＿＿＿＿＿＿＿＿＿＿＿＿＿

＿＿＿＿＿＿＿＿＿＿＿＿＿＿＿＿＿＿＿＿＿

＿＿＿＿＿＿＿＿＿＿＿＿＿＿＿＿＿＿＿＿＿

　　很多作家是被壁爐火焰前的浪漫氣氛感染而墜入愛河（我們指的其實就是本書作者）。我們知道這項很常見又老套，但是沒有比在壁爐前裸體，欣賞彼此身上火焰投射的陰影跳動更愉快的事了。我們想說的是，無論火焰熄滅、燈光不再柔和的時候看起來如何，火光能讓每個人看起來變漂亮、誠懇、而且深情。請享受眼前這一刻。

28

樓梯上

完成日期：＿＿＿＿ 年 ＿＿＿＿ 月 ＿＿＿＿ 日

地　　點：＿＿＿＿＿＿＿＿＿＿＿＿＿＿＿＿＿＿

再來一次？一定要／或許／不玩了

需要道具：毯子（可省略）

風　　險：鄰居看到、地毯擦傷、房東

註　　記：＿＿＿＿＿＿＿＿＿＿＿＿＿＿＿＿＿＿

＿＿＿＿＿＿＿＿＿＿＿＿＿＿＿＿＿＿＿＿＿＿＿＿＿

＿＿＿＿＿＿＿＿＿＿＿＿＿＿＿＿＿＿＿＿＿＿＿＿＿

　　在樓梯上做愛讓你們能夠以斜向角度欣賞對方。大多數房子都有二樓或地下室，如果你有自己的房子，這項應該不太難。

　　公寓住戶就只能用公共樓梯，這也無妨，只要你手腳夠快而且不是在自家大樓就好（除非你敢冒險讓鄰居們在下次住戶大會討論你的屁股）。

　　此外，雖然很淺顯，我們還是要提醒比較遲鈍的讀者：做的時候留在比較低的階段上。大多數樓梯是硬水泥或覆有粗糙地毯，如果你在樓梯頂端滑倒，不是重傷躺上一個月，就是發生嚴重的地毯擦傷。

29

計程車內

完成日期：＿＿＿＿＿年 ＿＿＿＿＿月 ＿＿＿＿＿日

地　　點：＿＿＿＿＿＿＿＿＿＿＿＿＿＿＿＿＿＿＿

再來一次？一定要／或許／不玩了

需要道具：願意配合的運將

風　　險：減速路障造成顛簸

註　　記：＿＿＿＿＿＿＿＿＿＿＿＿＿＿＿＿＿

＿＿＿＿＿＿＿＿＿＿＿＿＿＿＿＿＿＿＿＿＿＿＿＿

＿＿＿＿＿＿＿＿＿＿＿＿＿＿＿＿＿＿＿＿＿＿＿＿

　　我們理解在計程車上做愛為何讓你退避三舍。某些計程車裡會有怪味道。另外，在素昧平生的人面前（嚴格說來是背後）胡搞也是個大問題。不用懷疑，這些運將老大見過的世面可多了。只要沒人嘔吐而且你們給的小費夠多，大多數人不會在乎後座在幹什麼。

　　最好選擇在夜店門口排班的計程車。酒店打烊之後，醉茫茫又色心大起的玩家會變成醉茫茫又色心大起的乘客，所以你們的司機對後座行為早就有心理準備了。透過隔板塞張二十元鈔票，享受這段回家的路。但如果你缺現金（或只是小氣），你的司機透過照後鏡發現你們有人在注意他，可能會雞雞歪歪。客氣地解釋你女朋友在找隱形眼鏡，奉上鈔票，否則就等回到家再繼續。

30

裝修工地

完成日期：_____ 年 _____ 月 _____ 日

地　　點：_____

再來一次？一定要／或許／不玩了

需要道具：安全帽、工具腰帶

風　　險：破傷風

註　　記：_____

_____

_____

　　何不滿足你對街尾鄰居豪宅格局的好奇心？表達
歡迎鄰居的好方式莫過於為他們加上你的個人色彩。
小心生鏽的釘子！

　　大多數裝修中的住家不是門戶洞開，就是鑰匙放
在很明顯的地方。首先要確認工程進度還沒到已經
裝好警鈴的程度。（所以要避開簡易組裝屋，太危險
了。）如果水管已經接通，浴室磁磚也貼好了，自
己動手來個快樂的「水療浴」。如果廚房磁磚也貼好
了，請重演《愛你九週半》的食物場景（注意：如果
你還不到三十歲，可能得去租 DVD 來看才知道什麼
意思）。如果對兩者都興趣缺缺，試試角色扮演：假
裝你的伴侶是風流鄰居，來個自我介紹！此時也是實
現建築工人性幻想的好時機。（你一定幻想過。）

31

豪華禮車

完成日期：＿＿＿＿ 年 ＿＿＿＿ 月 ＿＿＿＿ 日

地　　點：＿＿＿＿＿＿＿＿＿＿＿＿＿＿＿＿＿＿＿

再來一次？一定要／或許／不玩了

需要道具：小酒吧、黑色禮車（其他顏色就遜掉了）

風　　險：錯過班機、違反節能減碳

註　　記：＿＿＿＿＿＿＿＿＿＿＿＿＿＿＿＿＿＿＿

＿＿＿＿＿＿＿＿＿＿＿＿＿＿＿＿＿＿＿＿＿＿＿＿＿

＿＿＿＿＿＿＿＿＿＿＿＿＿＿＿＿＿＿＿＿＿＿＿＿＿

　　禮車性愛採取的步驟跟計程車一樣（升起分隔板，打賞給司機，諸如此類），但是兩者真是沒得比。計程車毫無富豪架勢，而且經常衛生堪慮。禮車則是讓你們被頂級豪華裝潢包圍，享受完美無比的性愛體驗。不能因為小甜甜布蘭妮跟瑪麗亞‧卡拉絲（已故知名女高音）都會唱歌就拿來相提並論。

　　我們把這項的難度訂在 3.5，不是因為性愛本身難以執行，一點也不難。如果你不是即將參加畢業舞會的高中生或出席首映會的社交名流，想個理由租禮車倒可能比較傷腦筋。理論上，你可以租輛車，讓司機漫無目標在你家附近亂逛，但是這樣有點太招搖。所以我們建議等下次你去機場的時候再揮霍這筆錢。打開車上的迷你酒吧，提早開始度假。幾杯下肚之後，輪流透過天窗站起來，讓另一方在下面動手腳。（小心撞到低矮的陸橋，很痛的！）

32

快照站

完成日期：_____ 年 _____ 月 _____ 日

地　　點：_____

再來一次？一定要／或許／不玩了

需要道具：零錢

風　　險：畫質差（好像你的駕照照片，但是裸體）

註　　記：_____

_____

_____

　　你對快照站的看法取決於你是樂觀或悲觀的人。悲觀者會抱怨掛在外面的布簾實在遮不住雙腿跟私處。所以除非你希望踏出來時受到其他過路客鼓掌，腰帶以下最好不要有什麼動作。但是樂觀的人會認為同樣的布簾可以遮掩冒險行為，只須脫上衣就好。

　　不幸的是，這樣拍出來的鹹溼照片絕不可能用來當證件大頭照，所以要記得事後銷毀所有證據或藏在安全地方。或者你夠大膽的話，多拍幾張，離開店面之前買些膠水跟剪刀。你知道快速翻書遊戲吧？（flip book，在書上每一頁畫一個分解動作，然後用手指快速翻書讓數十個分解動作連在一起變成動畫。）

33

鏡屋

完成日期：＿＿＿＿年＿＿＿＿月＿＿＿＿日

地　　點：＿＿＿＿＿＿＿＿＿＿＿＿＿＿＿＿＿＿

再來一次？一定要／或許／不玩了

需要道具：玻璃清潔劑

風　　險：在意想不到的角度看見自己裸體

註　　記：＿＿＿＿＿＿＿＿＿＿＿＿＿＿＿＿

＿＿＿＿＿＿＿＿＿＿＿＿＿＿＿＿＿＿＿＿＿＿＿

＿＿＿＿＿＿＿＿＿＿＿＿＿＿＿＿＿＿＿＿＿＿＿

　　想要體驗雜交又不想，你知道的，真的接觸一大堆裸體的人嗎？下次地方上舉行慶典時，到鏡屋去。在鏡屋裡面做愛就像雜交，但是只需兩個人！不必擔心被逮到：等工作人員找到你的本尊，你早就跑掉了。我們建議事先在裡面勘查一趟，摸清楚隱藏路徑，這樣進去之後就不用浪費時間。（你也可以學童話故事留下麵包屑指路，以防需要緊急逃離。）別忘了，他們逮不到你並不表示他們看不到你，這對暴露癖者簡直是夢寐以求！

34

電話性愛

完成日期：＿＿＿＿＿ 年 ＿＿＿＿＿ 月 ＿＿＿＿＿ 日

地　　點：＿＿＿＿＿＿＿＿＿＿＿＿＿＿＿＿＿＿＿

再來一次？一定要／或許／不玩了

需要道具：電話、性感的聲音

風　　險：「喂喂，聽得見嗎？」

註　　記：＿＿＿＿＿＿＿＿＿＿＿＿＿＿＿＿＿＿

＿＿＿＿＿＿＿＿＿＿＿＿＿＿＿＿＿＿＿＿＿＿＿＿

＿＿＿＿＿＿＿＿＿＿＿＿＿＿＿＿＿＿＿＿＿＿＿＿

說到滿意度，電話性愛的排名穩居真實性愛與自慰之間。雖然肯定不像真槍實彈那麼過癮，如果你的伴侶不在身邊，這倒是色情雜誌跟潤滑劑之外的替代良方。電話性愛絕對有其魅力，但有些基本原則要謹記在心：

要

1. 用你自己的電話

2. 身邊準備好衛生紙

3. 撥對號碼

不要

1. 打開免持聽筒功能

2. 讓對方等候

3. 利用三方通話讓第三者嫉妒

35

淋浴中

完成日期：_____ 年 _____ 月 _____ 日

地　　點：_____

再來一次？一定要／或許／不玩了

需要道具：流水、肥皂泡、戶外淋浴設施（感覺更加刺激）

風　　險：手指燙傷、水壓不足

註　　記：_____

_____

_____

對啊，大家都很忙。不幸的是，在我們沒時間的日子，第一個省略的就是做愛。真可惜，其實浴室門後已經有個現成辦法了。淋浴性愛堪稱夢幻般的一石二鳥。反正你們每天早上都要洗澡，何不邀請伴侶來一起玩橡皮鴨子，同時抹肥皂、沖洗？（況且每個人都溼淋淋不是比較好看？）這是展開一天的好方法，而且比星巴克的任何產品都更能夠提神。

36

露營地

完成日期：_____ 年 _____ 月 _____ 日

地　　點：_____

再來一次？一定要／或許／不玩了

需要道具：不要用單人睡袋！

風　　險：接觸毒藤、被蛇咬、遇到熊

註　　記：_____

_____

_____

　　除了加入天體營，沒有比到森林中做愛更加天人合一的方式了。看著天上星光照在伴侶的身上，聆聽貓頭鷹、蟋蟀跟青蛙合唱出世界最甜美的交響曲，還有更浪漫的事嗎？

　　荒郊野外能提供最純正的體驗，但我們也能接受露營地的性愛，只要是在帳篷而非露營車裡。（Winnebago露營車不算是戶外，只是有輪子的汽車旅館罷了。）記住，隱密性越高，真實性越弱。（你們可以自己發出動物叫聲稍微補償一下。）

　　還有，拜託癮君子——除非你希望在縱火官司的法庭上看到一堆憤怒的森林動物，事後菸就別抽了。

37

巷子裡

完成日期：_____ 年 _____ 月 _____ 日

地　　點：_____

再來一次？一定要／或許／不玩了

需要道具：無

風　　險：老鼠、浣熊

註　　記：_____

_____

_____

　　如果你們在巷子裡嘿咻，八成是因為沒別的地方可去。可能她室友在家，或者你的家人來訪，或你們都醉到忘了住在哪裡──無論什麼原因，你們寧可在別的地方。我們懂。你一定走投無路（或很醉）才能無視黏答答的地面、腐爛的垃圾跟揮之不去的惡臭。

　　不過，純粹為了刺激感，暗巷性愛也可能很火辣，只要維持站姿就好。你們可能以為這項的選擇有限，所以多動動腦。如果兩棟建築距離很近，你們之一可以爬到牆上來點臉部對胯下的體位，然後兩人交換。（有點像分段進行的六九式。）不過，你們的任何身體部位無論如何都不宜接觸骯髒的地面，傳教士體位還是留到回家再做吧。

38

網交

完成日期：＿＿＿＿＿ 年 ＿＿＿＿＿ 月 ＿＿＿＿＿ 日

地　　點：＿＿＿＿＿＿＿＿＿＿＿＿＿＿＿＿＿

再來一次？一定要／或許／不玩了

需要道具：寬頻連線、假電郵帳號

風　　險：性病、變態狂、發現「我需要被打屁股」
　　　　　是自己的弟弟

註　　記：＿＿＿＿＿＿＿＿＿＿＿＿＿＿＿＿＿

＿＿＿＿＿＿＿＿＿＿＿＿＿＿＿＿＿＿＿＿＿＿＿

＿＿＿＿＿＿＿＿＿＿＿＿＿＿＿＿＿＿＿＿＿＿＿

　　每個人都聽說過網路交友的恐怖故事：你答應去見一個高大帥哥喝咖啡，結果發現是個不識字的矮冬瓜，網路照片加個十歲跟三十磅還比較準確，「單身」其實是「不斷換對象」等。不過，這個年頭在週五晚上泡酒吧尋找真愛確實是有點落伍了。除非你具有網路交友的能力，否則還不算真正進入二十一世紀。

　　你要先想清楚追求的是性愛還是感情。你在免費分類廣告網站絕對找不到長期固定關係的伴侶，在Manhunt（男同志交友網站）也不會找到真命天子。他們適合一夜情，但你如果渴望比較有意義的東西，match.com或nerve.com這類網站比較可靠。一定要澈底打扮一下。網路上的追求者都會假設你的個人資料照片是這輩子拍過最好看、最迷人的一張。在你拍照之前，擴大你的目標群：剪個新髮型、穿上漂亮衣服、投資二十五塊買罐好的防晒乳。

　　喔，還要吹牛，大家都嘛這麼做。

39

網路攝影機

完成日期：＿＿＿＿ 年 ＿＿＿＿＿ 月 ＿＿＿＿＿ 日

地　　點：＿＿＿＿＿＿＿＿＿＿＿＿＿＿＿＿＿＿＿＿

再來一次？一定要／或許／不玩了

需要道具：電腦、網路攝影機、不斷電系統

風　　險：螢幕保護程式

註　　記：＿＿＿＿＿＿＿＿＿＿＿＿＿＿＿＿＿＿＿＿

＿＿＿＿＿＿＿＿＿＿＿＿＿＿＿＿＿＿＿＿＿＿＿＿＿＿＿＿

＿＿＿＿＿＿＿＿＿＿＿＿＿＿＿＿＿＿＿＿＿＿＿＿＿＿＿＿

　　現在每個人都可以到附近資訊賣場花三十美元買個網路攝影機，不曉得為什麼還有人願意出門尋找一夜情。幾乎不費時間，只要點幾下滑鼠（跟信用卡，如果你想付錢找「專業人士」）就可以跟來自世界各地的新「朋友」一起玩了。想像一下：再也不用半夜忐忑地躺在陌生人身邊，隔天早上尷尬地對話，或趁他洗澡時偷看他的駕照，因為妳忘了他的名字。

　　如果你想要跟網路上的陌生人上床，www.webcamnow.com 或 Adult Friend Finder 的聊天室都有你需要的介紹功能。（但是記住，只要攝影機晃歪一下，匿名性就毀了，請小心瞄準。）不只是陌生人，網路攝影機性愛也能造福分居兩地的情侶。好玩，迅速，而且沒有人會因為床上的分泌物汙漬而尷尬。

40

第二人生

完成日期：_____ 年 _____ 月 _____ 日

地　　點：_____

再來一次？一定要／或許／不玩了

需要道具：電腦、虛擬貨幣（Linden Dollars，如果你
　　　　　的分身想來一發的話）

風　　險：無法處理現實世界中的親密議題、到
　　　　　三十五歲還沒開苞

註　　記：_____

_____

_____

跟網路分身做愛算是最安全的性行為了，線上遊戲「第二人生」（Second Life）裡面有八百萬居民挺著巨乳或一呎長的虛擬大屌走來走去，網路世界顯然有很多安全性愛在進行。

　　如果為了新鮮感，在「第二人生」洩欲是最棒的。看著你的分身跟另一個分身嘿咻也可以很好玩。但是如果你真實身分的性生活都發生在遊戲中，我們建議你關掉電腦，到外面玩另一種叫「真實人生」的遊戲。

41

椅子上

完成日期：＿＿＿＿ 年 ＿＿＿＿ 月 ＿＿＿＿ 日

地　　點：＿＿＿＿＿＿＿＿＿＿＿＿＿＿＿＿

再來一次？一定要／或許／不玩了

需要道具：無

風　　險：從搖椅摔下來、椅子壞掉

註　　記：＿＿＿＿＿＿＿＿＿＿＿＿＿＿＿

＿＿＿＿＿＿＿＿＿＿＿＿＿＿＿＿＿＿＿＿

＿＿＿＿＿＿＿＿＿＿＿＿＿＿＿＿＿＿＿＿

　　椅子上做愛並沒有那麼刺激：幾乎沒什麼扭轉身體的空間，又很容易受傷（或弄壞椅子）。你們坐下，愛撫你的伴侶一陣子，或許以跨坐體位結束。做是可以做到，但是感覺相當單調，不太可能以機智創意讓對方印象深刻。

　　精采的椅子性愛關鍵不是在椅子上做什麼，而是椅子放在什麼地方。在餐廳裡桌面下讓伴侶按摩胯下相當令人興奮，在擁擠的橫跨大西洋夜班飛機上伸手到伴侶腿上也不錯。汽車旅館的八爪椅能提供各種可能性。或者，如果你真的要拋開顧忌，就在巴士站或公園等公共場所的長凳上試試能做到什麼程度吧。技術上而言那不算椅子，但我們願意承認你的膽量。

42

健身房

完成日期：_____ 年 _____ 月 _____ 日

地　　點：_____

再來一次？一定要／或許／不玩了

需要道具：好身材、性感短褲

風　　險：痙攣、好奇的送毛巾小弟

註　　記：_____

_____

_____

　　除非你能誘惑猛男健身教練給你來個「全身」訓練，否則在健身房做愛實在不值得冒險。你或許會被逮，而且讓其他會員發現地板上的汗漬不是汗水實在有點缺德。請在健身房內尋找有合理機會避人耳目的區域。至於男同志，隨興在無人的更衣室幽會算是司空見慣，在淋浴室匿名勾搭也是。異性戀情侶或許可以在非尖峰時段霸占無人的按摩室。

　　但是，如果你真的很喜歡健身房，不想承擔被取消會員資格的風險，那就改到沒人認得你的健身房買個一日會員證。如果你認識全新的「健身同伴」可以一起燃燒熱量，那就最好不過了！

43

儲藏室

完成日期：＿＿＿＿ 年 ＿＿＿＿ 月 ＿＿＿＿ 日

地　　點：＿＿＿＿＿＿＿＿＿＿＿＿＿＿＿＿＿

再來一次？一定要／或許／不玩了

需要道具：紙夾、釘書針、大頭針——可以塞進口袋
　　　　　的任何東西

風　　險：同事的聽力太敏銳

註　　記：＿＿＿＿＿＿＿＿＿＿＿＿＿＿＿＿＿

＿＿＿＿＿＿＿＿＿＿＿＿＿＿＿＿＿＿＿＿＿＿＿

＿＿＿＿＿＿＿＿＿＿＿＿＿＿＿＿＿＿＿＿＿＿＿

　　儲藏室或許不是世界上最浪漫的地方，但是隨處都有，你一定會喜歡。在任何辦公室、醫院、政府機構都找得到它，所以如果興致來了，應該不難找到一個沒上鎖的可用。（但是不要用工友存放工具的那個──別忘了他有萬能鑰匙。）

　　儲藏室缺乏氣氛，但是有很多東西可以補償。需要整打的便利貼嗎？自己動手。（如果覺得這樣性感的話，可以用來貼在彼此身上。）而且老實說，身邊就有整盒的漂亮原子筆，何必自己花錢去文具店買呢？稍後你可以用 A 來的戰利品填寫這本書，這樣你的成就感會更高。

遊獵行程

完成日期：_____ 年 _____ 月 _____ 日

地　　點：_____

再來一次？一定要／或許／不玩了

需要道具：無

風　　險：敞篷車不宜

註　　記：_____

_____

_____

你可能不爽我們竟然建議你跑到半個地球外的地方去嘿咻（其實這樣沒什麼不好），但我們要告訴你一個真實故事：

我們有朋友跑到肯亞去度蜜月。他們報名參加了高級戶外遊程，可以睡在野地的帳篷裡，還有武裝衛兵看守整個營地。呃，第一個晚上，有股死動物的惡臭逼近他們的帳蓬，然後在僅僅咫尺之外發出一聲獅吼（牠顯然剛吃過有臭味的東西）。他們嚇壞了，整個蜜月期間都沒有嘿咻。

有個輕鬆許多的替代方法。去某些可以開車進去體驗遊獵的主題樂園，留在車裡，被悠閒的野生動物包圍，牠們頂多只能在你的擋風玻璃上大便。在後座來上一發，感覺就像在真正的非洲，而且你們不會變成別人的晚餐。

45

成人書店

完成日期：_____ 年 _____ 月 _____ 日

地　　點：_____

再來一次？一定要／或許／不玩了

需要道具：小鈔、拋棄式手套、乾洗手凝膠

風　　險：怪叔叔、地板髒、致病原

註　　記：_____

_____

_____

　你一定會注意到本書的很大部分涉及公共場所的性愛。你或許也發現了，毫無例外，這些地方都有手銬圖示。在公共場所做愛很刺激，但是在公共場所被捕⋯⋯就不好玩了。

　幸好世界上有個地方，即使光屁股被逮到也不會有人大驚小怪：就是你家附近的成人商店。所有客人都是去尋求性解放的（通常是單獨一個人那種），你跟伴侶可以馬上融入環境。只要走到店後方的個人試看區，趁店員沒注意，迅速溜進其中一個隔間。你們能重演多少絕對跟哈里遜‧福特無關的《瓊恩博士之魔宮傳奇》（Indiana Joan and the Temple of Poon）場景呢？（沒錯，真的有 A 片取這個名字。）

46

洗車場

完成日期：_____ 年 _____ 月 _____ 日

地　　點：_____

再來一次？一定要／或許／不玩了

需要道具：髒車、性欲

風　　險：誤會洗鋼圈（Rim Job）的意思（Rim 是
　　　　　汽車輪圈，作動詞亦有「舔肛門」之意）

註　　記：_____

_____

_____

　　還記得小時候坐在爸媽的旅行車裡通過洗車機有多好玩嗎？現在你有了自己的駕照，可以重新體驗童年的刺激——以成人的方式。許多洗車場根本禁止客人洗車時留在車上（保險公司規定），但還有些沒問題。找到這種店家之後。策略跟（第7項）得來速餐廳差不多，但要注意一點。如果洗車機有巨大玻璃窗讓其他客人看得見車子通過洗車隧道，那麼你一出來就得準備逃之夭夭。隨後找個比較隱密的地方，繼續以（第5項）車引擎蓋性愛方式完結。

47

花花公子豪宅洞穴

完成日期：_____ 年 _____ 月 _____ 日

地　　點：_____

再來一次？一定要／或許／不玩了

需要道具：兔耳朵、男用晚間居家便服、隆乳（選配）

風　　險：「鄰家女孩」攝影小組

註　　記：_____

_____

_____

我們列舉的大多數場地都比較容易進入，困難點在於進去嘿咻之後如何避人耳目。這個地方剛好相反：一旦進去之後就易如反掌了，困難的是怎麼混進去。我們不知道如何取得花花公子豪宅的邀請函（希望寫性愛書也是一種方法），但我們知道海夫納辦的派對多如牛毛。這當然有難度，但是既然你讀了這本書，表示你喜歡挑戰，而且你喜歡性愛。這就成功一半了！

48

船上

完成日期：_____ 年 _____ 月 _____ 日

地　　點：_____

再來一次？一定要／或許／不玩了

需要道具：大量的水

風　　險：撞冰山、擱淺在沙洲

註　　記：_____

_____

_____

　　如果你不急著完成這本書的清單（我們希望你不要，否則這輩子你還有什麼期待？），那麼你早晚總會在船上做愛。因為你掛掉之前至少總會搭船出海一次，而且除了吃飯之外，乘客最常做的就是在艙房裡嘿咻。

　　如果你沒有搭船出遊經驗，而且兩人都等不及了，你們可以趁下次朋友邀請你們週末出海時「重新利用」他的船。如果你容易暈船，記得在離岸之前貼上預防貼片（Transderm Scop）。誰在乎盒子上微不足道的「短期失憶」（retrograde amnesia）副作用啊？如果你們都忘了昨晚的性愛，那就等於從未發生！我猜你們只好從頭再來一遍了……

49

彼拉提斯教室

完成日期：＿＿＿＿＿ 年 ＿＿＿＿＿ 月 ＿＿＿＿＿ 日

地　　點：＿＿＿＿＿＿＿＿＿＿＿＿＿＿＿＿＿＿＿

再來一次？一定要／或許／不玩了

需要道具：緊身衣

風　　險：腰痠背痛、喪失會員資格

註　　記：＿＿＿＿＿＿＿＿＿＿＿＿＿＿＿＿＿＿＿

＿＿＿＿＿＿＿＿＿＿＿＿＿＿＿＿＿＿＿＿＿＿＿＿

＿＿＿＿＿＿＿＿＿＿＿＿＿＿＿＿＿＿＿＿＿＿＿＿

乍看之下，彼拉提斯教室似乎跟刑房差不多。但是仔細一看，它其實像性愛冒險家的遊樂場。連裝備名稱都帶有暗示。首先是「凱迪拉克」：有柱子垂下各種繩子跟握把的長桌。你可以在凱迪拉克上面倒吊或擺出不自然的姿勢。「桶子」則是伸展工具，但你的身體要向後彎曲，雙腿纏在梯子上，拜託，擺這種姿勢只有一個理由。然後還有「矯正者」，那是彼拉提斯教室的標準配備。它是矯正脊椎的工具，但是名稱暗示妳是個壞女孩。準備被打屁股吧。

50

婚禮上

完成日期：_____ 年 _____ 月 _____ 日

地　　點：_____

再來一次？一定要／或許／不玩了

需要道具：喜帖、開放式酒吧

風　　險：婚禮舞會、無限暢飲

註　　記：_____

_____

_____

憑什麼只有新郎跟新娘可以在婚禮之夜爽到？你帶了好禮物，你們都盛裝打扮，香檳也開好了在冒泡——你不是度蜜月的人並不表示你不能仿效新婚夫婦。即使你沒有攜伴參加，找到伴的機率也高得驚人。原因之一，每個人都已經調整在慶典心情，你或許會被安排在「單身桌」，所以知道誰還沒死會。況且，如果你搞不定，提醒對方每個人都愛聽夫婦在婚禮上認識的故事。你們一輩子都有「浪漫邂逅」故事可以吹噓。

　　但是，回到旅館房間後，音量盡量放小。因為每個被迫穿藍綠色的伴娘都知道，不能在新人的大日子搶他們的光采。

51

假日的親戚家

完成日期：_____ 年 _____ 月 _____ 日

地　　點：_____

再來一次？一定要／或許／不玩了

需要道具：對應機制（跟心理醫師諮詢，冥想，大
　　　　　麻）

風　　險：童年雙人床、兄弟姊妹

註　　記：_____

_____

_____

　　有個鮮為人知但很有效的方法可以修理在假日很煩的親戚：叫作殘光（Afterglow）。這個萬靈丹可以擊退最無厘頭、一直問你「你們這種人」怎麼打發假日的阿嬤，或堅持要你連看六場橄欖球賽的岳父，卻不在乎你來自真正的橄欖球故鄉愛爾蘭。最好快點採取行動，以免另一半被他父母氣得幾星期不想做愛。提議一起到柴房去劈柴，到地下室去拿酒（或出去買啤酒），長途駕駛後「睡一下」……你們花在嘿咻的時間越多，講廢話的時間越少。真是雙贏策略。

52

博物館

完成日期：_____ 年 _____ 月 _____ 日

地　　點：_____

再來一次？一定要／或許／不玩了

需要道具：入場券

風　　險：參觀團體、警衛

註　　記：_____

_____

_____

　　老實說吧：你永遠不可能在故宮、羅浮宮、大都會博物館或任何掛著昂貴收藏品的博物館裡嘿咻。人潮太多，隱密性太差。但有些比較冷門的博物館絕對有可能讓你發揮創意。如果你擔心被逮捕，荷蘭或許正適合你。在任何讓你合法抽大麻、計時租情人的國家（阿姆斯特丹紅燈區），警察抓到你在梵谷作品下毛手毛腳也可能比較寬恕。但是如果不可能到國外旅行，你可以到紐約市的性愛博物館嘿咻感受一下。我們還沒試過，但他們如果阻止你就顯得太偽善了，不是嗎？

53

公司的聖誕派對

完成日期：＿＿＿＿ 年 ＿＿＿＿ 月 ＿＿＿＿ 日

地　　點：＿＿＿＿＿＿＿＿＿＿＿＿＿＿＿＿＿＿＿

再來一次？一定要／或許／不玩了

需要道具：一份工作

風　　險：週一尷尬

註　　記：＿＿＿＿＿＿＿＿＿＿＿＿＿＿＿＿＿＿＿

＿＿＿＿＿＿＿＿＿＿＿＿＿＿＿＿＿＿＿＿＿＿＿＿＿

＿＿＿＿＿＿＿＿＿＿＿＿＿＿＿＿＿＿＿＿＿＿＿＿＿

　　這是性欲高漲的季節！除了強烈的蛋酒、槲寄生樹、讓你看起來超可愛的聖誕老人帽之外，如果你無法在公司聖誕派對爽到，表示你不夠努力。但是要慎選勾搭的對象：

聰明

下學期不會回來的漂亮實習生。這是雙贏狀況。他們會得到世上最棒的推薦函，你也不用天天想起自己四十幾歲了，還搞上有 MySpace 交友網頁的小女生。

顧人怨同事的對象。此時你對那個人有沒有興趣並不重要。當你向同事描述那個傢伙的馬子用小狗體位看起來多麼騷浪，你會成為公司的英雄。

快遞先生。《欲望城市》有一集描述莎曼珊跪下來接受快遞猛男的，呃，那話兒。這不是開玩笑的。這些傢伙性感極了！問你的快遞先生想不想陪你參加派對。如果他穿遜咖制服看起來都很性感，想像他脫光了會如何……

不聰明

上司的配偶。呆子。

人事部主管。不管他／她多麼喜歡，高潮之後你的飯碗鐵定不保。

資管部門的阿宅。當你拒絕學習備份，這些弟兄無怨無悔幫你救回資料。我們無意冒犯，但是沒有人會把他跟快遞先生相提並論。

54

電影院

完成日期：_____ 年 _____ 月 _____ 日

地　　點：_____

再來一次？一定要／或許／不玩了

需要道具：電影票、超大爆米花桶

風　　險：拿手電筒的帶位員、亂跑的小孩

註　　記：_____

_____

_____

　　在電影院做愛很麻煩。一定要選擇不會被打擾的片子。例如白天的場次通常人很少（而且票價又比較便宜！），妮可·基嫚主演的片也是。你也可以到黑人社區去看伍迪·艾倫的片，或白人社區去看泰勒·派瑞（Tyler Perry，黑人導演）的片。我們保證整座戲院幾乎不會有別人。

　　吵鬧的動作片是上上之選，因為噪音可以掩護你們的喘息呻吟。避免哭哭啼啼的文藝片（會搞壞心情！），最重要的，避開闔家蒞臨的觀眾。你們對死小孩的娛樂性會比任何卡通動物還要高。如果小孩的媽媽察覺發生了什麼事，下場肯定不好看。

55

夜店廁所

完成日期：＿＿＿＿＿ 年 ＿＿＿＿＿ 月 ＿＿＿＿＿ 日

地　　點：＿＿＿＿＿＿＿＿＿＿＿＿＿＿＿＿＿＿

再來一次？一定要／或許／不玩了

需要道具：廁所侍者

風　　險：大排長龍、事後才發覺馬桶座會傳染陰虱

註　　記：＿＿＿＿＿＿＿＿＿＿＿＿＿＿＿＿＿＿

＿＿＿＿＿＿＿＿＿＿＿＿＿＿＿＿＿＿＿＿＿＿＿＿

＿＿＿＿＿＿＿＿＿＿＿＿＿＿＿＿＿＿＿＿＿＿＿＿

　　打開天窗說亮話：許多夜店的顧客不是單純因為內急才使用廁所。（如果你曾經喝多了膀胱幾乎爆炸，每個隔間卻擠滿了似乎患有鼻竇炎的人，你就懂我們在說什麼。）夜店廁所裡似乎什麼事都可以做，所以你跟你的對象（甚至剛在舞池認識的新朋友）可以一起溜進隔間而不會引人側目。你身邊每個人或許都醉茫茫或一副毒蟲樣，但你們不太可能被打擾，出來的時候，還是要大方打賞廁所侍者。天曉得，稍後你可能要回來玩第二回合，侍者會為你保留殘障人士隔間。

56

計時賓館

完成日期：＿＿＿＿＿ 年 ＿＿＿＿＿ 月 ＿＿＿＿＿ 日

地　　點：＿＿＿＿＿＿＿＿＿＿＿＿＿＿＿＿＿＿＿

再來一次？一定要／或許／不玩了

需要道具：自己的床單、消毒藥水

風　　險：跳蚤、針孔偷拍

註　　記：＿＿＿＿＿＿＿＿＿＿＿＿＿＿＿＿＿

＿＿＿＿＿＿＿＿＿＿＿＿＿＿＿＿＿＿＿＿＿＿＿

＿＿＿＿＿＿＿＿＿＿＿＿＿＿＿＿＿＿＿＿＿＿＿

　如果你不清楚府上附近的熱門賓館在哪裡，找起來並不困難。搜尋地方小報的廣告頁，或睜大眼睛尋找跡象。例如可開車進入的櫃檯，或者私家偵探帶著照相機在停車場晃來晃去就是了。比較「高檔」的店家會提供特殊設備——裝滿鏡子的、有水床、雙人浴缸、「叢林套房」（呃，我們也不確定那是啥米碗糕）等等。不要太高調，廉價才是魅力所在。進駐之前一定要先勘查過。根據經驗，某些地方可能很令人反感。

　你租房間不需要賄賂任何人，但我們還是建議帶小鈔。退房之前，上道一點，留下豐厚小費給激情過後負責收拾的清潔阿姨。這種工作可不好玩。

57

棒球場

完成日期：＿＿＿＿ 年 ＿＿＿＿ 月 ＿＿＿＿ 日

地　　點：＿＿＿＿＿＿＿＿＿＿＿＿＿＿＿＿

再來一次？一定要／或許／不玩了

需要道具：無

風　　險：被界外球 K 到、轉播到超大螢幕上

註　　記：＿＿＿＿＿＿＿＿＿＿＿＿＿＿＿＿

＿＿＿＿＿＿＿＿＿＿＿＿＿＿＿＿＿＿＿＿＿

＿＿＿＿＿＿＿＿＿＿＿＿＿＿＿＿＿＿＿＿＿

　　聽起來似乎很矛盾，但這個地方最適合非運動迷了。如果你對球場上的 A-Rod 興趣缺缺，或許在座位上可以玩點別的？

　　為了讓事情有趣，打快砲不算數。任何人都可以在大型加油道具的巧妙遮掩下來一發。那太小兒科了。每個運動寡婦都知道，棒球賽很耗時間。急什麼？請到主場球隊的最後排座位，球迷跟熱狗小販都不屑去那邊。你們有可能獨占一大片區域！（如果你的主場隊是匹茲堡海盜、華盛頓國民或其他大爛隊，你甚至不用爬太高就足以避人耳目。）看你能把多少棒球術語賦予新意義（例如高飛球、口水球）。撐到延長賽可以加分！

58

鄰居家

完成日期：_____ 年 _____ 月 _____ 日

地　　點：_____

再來一次？一定要／或許／不玩了

需要道具：備用鑰匙

風　　險：監視器、從此在鄰居面前抬不起頭來

註　　記：_____

_____

_____

　　如果這本書能證明什麼，那就是不用跑到加勒比海異國小島也能促進你的性生活。圖書館、棒球場、得來速餐廳……都是讓你性生活變有趣的優良場地。但如果你希望找離家近的地方，那麼鄰居家就行了。

　　如果你在鄰居家嘿咻會緊張，就想成在自家嘿咻，只是裝潢不大一樣而已。如果鄰居笨到把備用鑰匙託付給你，那更是事半功倍。如果沒有，等他們提起要出門度假再說。若無其事地提議幫他們餵魚或澆花。

　　進門之後，只有兩條法則：在人家屋裡翻箱倒櫃尋找 A 片收藏既失禮又容易遭報復（除非你已經知道藏在哪裡，那就盡情享受吧），還有不要在小孩子房間裡做。如果他們打開了監視器，那就是你最後一次出現在社區派對了。

59

演唱會

完成日期：_____ 年 _____ 月 _____ 日

地　　點：_____

再來一次？一定要／或許／不玩了

需要道具：零食

風　　險：吸入二手菸、音樂太爛

註　　記：_____

_____

_____

　　在演唱會嘿咻的策略跟在（第 57 項）棒球場差不多。你需要找個空曠無人的區域。所以在賈斯汀或芭芭拉・史翠珊演唱會是休想了（如果身邊同志們花了五百塊買票，卻被你毀了主打歌的氣氛，連上帝都幫不了你）。但是下次有過氣的六〇年代復出樂團來表演，訂個上層座位。如果你到達座位時氣氛還不夠 HIGH，等到觀眾籠罩在汗水與狂熱中，然後混水摸魚。這樣應該沒問題。

60

高中足球場

完成日期：＿＿＿＿＿ 年 ＿＿＿＿＿ 月 ＿＿＿＿＿ 日

地　　點：＿＿＿＿＿＿＿＿＿＿＿＿＿＿＿＿＿＿＿

再來一次？一定要／或許／不玩了

需要道具：懷舊情緒

風　　險：人工草皮、夜間賽事

註　　記：＿＿＿＿＿＿＿＿＿＿＿＿＿＿＿＿＿＿＿

＿＿＿＿＿＿＿＿＿＿＿＿＿＿＿＿＿＿＿＿＿＿＿＿＿

＿＿＿＿＿＿＿＿＿＿＿＿＿＿＿＿＿＿＿＿＿＿＿＿＿

　　如果你當過大學校隊四分衛或啦啦隊長,高中堪稱是黃金時代。我們猜你早就完成第 60 項了——或許對象就是老公／老婆。但是大多數人的高中時代回憶並沒有那麼多采多姿。長達三年的「尷尬階段」、皮膚問題、完全缺乏基本協調性的地獄期,大多數人最接近足球場的時候(不,樂儀隊表演不算)八成是畢業典禮那天。

　　在高中足球場的五十碼線嘿咻是重新找回理想青春而且沒有青春期問題的好方法。除非你不介意遇見多年前折磨過你的體育老師(相信我們,他還在),否則請選擇母校以外的學校。在暑假期間等到天黑之後做更是安全。要再有趣一點的話,試試另類的角色扮演遊戲。請他戴上護肩,妳拿著啦啦隊綵球。

61

待售空屋

完成日期：＿＿＿＿ 年 ＿＿＿＿ 月 ＿＿＿＿ 日

地　　點：＿＿＿＿＿＿＿＿＿＿＿＿＿＿＿＿＿＿

再來一次？一定要／或許／不玩了

需要道具：報紙分類廣告

風　　險：大型落地窗

註　　記：＿＿＿＿＿＿＿＿＿＿＿＿＿＿＿＿＿＿

＿＿＿＿＿＿＿＿＿＿＿＿＿＿＿＿＿＿＿＿＿＿＿

＿＿＿＿＿＿＿＿＿＿＿＿＿＿＿＿＿＿＿＿＿＿＿

　　這項能實現我們的兩大夢想：房地產跟性愛！在待售空屋嘿咻非常容易，我們不曉得為什麼發生機率不高。你可以自由使用一整棟不屬於你的房子，禁忌的誘惑會令人興奮不已。

　　空屋性愛最重要的因素是你們造訪的房屋類型。如果你們能在仲介商眼前的四百平方呎豪宅裡嘿咻，連我們都會佩服。同樣地，寬闊的頂樓或許是極佳的居住空間，但沒什麼隱密地方能躲過其他看房客人的視線。

　　勝算最大的地方是小豪宅。裡面有很多臥室、櫥櫃跟浴室，即使仲介商真的聽見你們發出的噪音，也未必能找到你們！他們說有「車庫頂上的額外空間」，可不是騙你的！

62

消防通道

完成日期：_____ 年 _____ 月 _____ 日

地　　點：_____

再來一次？一定要／或許／不玩了

需要道具：香菸（純道具）

風　　險：鴿子大便、花盆、偷窺者

註　　記：_____

_____

_____

　　住在都市裡的人都知道消防通道在派對時可以讓人躲著喘口氣。如果你喝了幾杯之後想要抽根菸，這是禮貌的逃生路線。也可以用來躲避無聊又不識趣的派對賓客。在都市人的派對，通常室內空間有限，消防通道是絕對合理的私人休息空間。

　　你只需要掏出香菸，指著窗戶。主人會更加感激你。（不吸菸的人也可以來這招，只要搬出「我需要呼吸新鮮空氣」臺詞就好。）關上背後的窗戶，躲到死角讓其他賓客看不到你在幹嘛。請注意，周圍建築的住戶很可能看見你，萬一他有攝影機，你們有可能發現自己成了網路山寨版 A 片《後窗》的主角（甚至不需改變片名）。

63

充氣艇

完成日期：_____ 年 _____ 月 _____ 日

地　　點：_____

再來一次？一定要／或許／不玩了

需要道具：救生衣

風　　險：漩渦、小艇破洞、食人魚

註　　記：_____

_____

_____

　　充氣艇上的性愛或許很好玩，但你一頭栽進去之前最好先練習。如果你在水床上做過，你就知道在晃動不穩的表面保持平衡跟韻律並不容易。如果其中一人跌下床，你還可以爬起來，一笑置之，繼續辦事。在洶湧急流中就有點麻煩了。

　　我們建議在安全的自己家裡嘗試這項。充氣床墊可以幫你熟悉充氣艇性愛的三大法則：不要快速動作，不要複雜體位，不要用尖銳道具。稍後你可以在海上嘗試，但是記得一定要穿救生衣。你或許無法露出最佳部位（鮮橘色對任何人都不賞心悅目），但他在整個對話過程中只能看你的眼睛。想像一下。

64

機車上

完成日期：＿＿＿＿ 年 ＿＿＿＿ 月 ＿＿＿＿ 日

地　　點：＿＿＿＿＿＿＿＿＿＿＿＿＿＿＿＿

再來一次？一定要／或許／不玩了

需要道具：機車

風　　險：被排氣管燙傷

註　　記：＿＿＿＿＿＿＿＿＿＿＿＿＿＿＿＿

＿＿＿＿＿＿＿＿＿＿＿＿＿＿＿＿＿＿＿＿＿

＿＿＿＿＿＿＿＿＿＿＿＿＿＿＿＿＿＿＿＿＿

　　我們說的機車性愛可不是指行駛中的機車。理由
之一，騎過機車的人都知道某些地方會有小蟲子砸到
安全帽護目鏡上面。你希望沿著 I-95 號公路以時速
七十哩行駛時，一面愛撫一面讓蚊子、蒼蠅跟天曉得
什麼東西敲在身上嗎？況且你可能摔死。

　　說到性愛，機車其實是讓人滿足皮革戀物癖的道
具。穿著皮褲在附近購物商場逛大街，你會從第一家
店被公開嘲笑到最後一家（這是合理的）。但是跨上
重型機車，你就成了性感偶像。還有比陳年哈雷機車
外套更能提升男子氣概的東西嗎？我們還沒開始說到
機車靴咧⋯⋯

65

沙灘棧道底下

完成日期：_____ 年 _____ 月 _____ 日

地　　點：_____

再來一次？一定要／或許／不玩了

需要道具：泳裝（選配）

風　　險：寄居蟹、漲潮、有毒廢棄物

註　　記：_____

_____

_____

　　我們認識的每個在紐澤西長大的女孩（好吧，至少有一個）都幻想過在沙灘棧道底下跟布魯斯‧史賓斯汀（藍領階級搖滾巨星）的「優質時光」。上方的商店街傳來「老大」的歌聲，雙腳埋在又軟又溼的沙土裡，涼爽的夜晚用身體互相取暖……即使你沒玩過吃角子老虎，光是這個性幻想就值得跑到大西洋城。

　　如果你比較喜歡「火爆浪子」（Grease，描述青少年生活的歌舞劇），沿著海灘牽手散步，套句主角丹尼‧祖可的臺詞，「在沙灘上友善一下」。但是辦事的時候請留意破啤酒瓶、用過的保險套、保麗龍箱子跟塑膠的罐頭套環，這些東西再過一百萬年也不會自行分解。

66

蘋果園

完成日期：_____ 年 _____ 月 _____ 日

地　　點：_____

再來一次？一定要／或許／不玩了

需要道具：毯子

風　　險：蜜蜂叮、殺蟲劑中毒、花粉（如果有人容
易過敏）

註　　記：_____

_____

_____

　　蘋果園有種特殊意義，連約會時在裡面做愛都顯得有點古雅。首先，記得要到沒有一大堆移民工人忙著在降霜之前採收的地方。這樣很殺風景。找個「自由摘食」的果園，最好是枝葉很低、能夠提供某種掩護的矮樹。接著，假裝你們是亞當跟夏娃（亞當跟史提夫也可以啦），開始誘惑。禁果的滋味最棒了！

　　有個小警告：過熟的蘋果容易招惹蜜蜂——而且數量龐大。果實也可能從樹上掉下來砸到你的頭。請留在尚未成熟的果樹旁。

67

馬背上

完成日期：_____ 年 _____ 月 _____ 日

地　　點：_____

再來一次？一定要／或許／不玩了

需要道具：繩子、皮褲、馬刺

風　　險：一輩子甩不掉凱薩琳大帝的玩笑

註　　記：_____

_____

_____

　　不，她沒有跟馬兒玩獸交，呆子，是在馬背上啦。我們不知道你有沒有辦法在馬背上做愛。我們認為你可以，但我們沒試過，也沒看別人這樣做過。馬背可以負擔兩個人的體重，如果有西式馬鞍，我們猜想你可以抓住凸角支撐身體。或許你有幸跟想要炫耀繩技的牛仔交往，或者造訪富人的農場。這項是個有趣的雞尾酒派對話題，讓「夥伴，上馬」（Giddyup, pardner）這句話有個新意義。

　　我們的忠告：使用不會在你們模仿戈黛娃夫人途中拔腿狂奔的拖車專用馬。世上再多止痛藥也治不了那種背痛。

譯註：戈黛娃夫人（Lady Godiva，約 990—1067 年）是一名英格蘭貴族婦女，據說她曾經為了爭取減免丈夫強加於市民的重稅，裸體騎馬繞行考文垂街道。後來她的丈夫遵守諾言，赦免了繁重稅賦。

68

雪堆上

完成日期：＿＿＿＿ 年 ＿＿＿＿ 月 ＿＿＿＿ 日

地　　點：＿＿＿＿＿＿＿＿＿＿＿＿＿＿＿＿＿＿

再來一次？一定要／或許／不玩了

需要道具：雪鏟

風　　險：弄溼內衣褲

註　　記：＿＿＿＿＿＿＿＿＿＿＿＿＿＿＿＿＿＿

＿＿＿＿＿＿＿＿＿＿＿＿＿＿＿＿＿＿＿＿＿＿＿

＿＿＿＿＿＿＿＿＿＿＿＿＿＿＿＿＿＿＿＿＿＿＿

假設你的車子在冬季大風雪中拋錨，別浪費了大好機會。如果你是女性，有幸跟退役的老鷹童子軍（Eagle Scout）交往，而你們困在暴風雪中，那麼雪堆能夠提供一個浪漫插曲。他會知道如何挖出一個安全溫暖的避難所，直到風雪過去。如果他只是個自認能搞定的萬事通，請留在車裡，很快會有人來救你們。但如果你是男人，有幸跟敢在雪堆上做愛的女性交往，請立刻娶她。那種女人是兩百萬分之一的基因突變珍品。女人通常喜歡室溫——這樣她們會比較有趣。

69

中央公園

完成日期：＿＿＿＿＿ 年 ＿＿＿＿＿ 月 ＿＿＿＿＿ 日

地　　點：＿＿＿＿＿＿＿＿＿＿＿＿＿＿＿＿＿

再來一次？一定要／或許／不玩了

需要道具：小船

風　　險：強盜、鱷魚、鴿子、Pale Male 老鷹

註　　記：＿＿＿＿＿＿＿＿＿＿＿＿＿＿＿＿＿

＿＿＿＿＿＿＿＿＿＿＿＿＿＿＿＿＿＿＿＿＿＿

＿＿＿＿＿＿＿＿＿＿＿＿＿＿＿＿＿＿＿＿＿＿

　　如果你去過紐約市，你或許在中央公園有個最喜愛的角落：旋轉木馬，哈林湖，第五大道花園，或動物園。在這些地方都有可能做愛。但是中央公園的最佳做愛地點？在中央公園湖中央的船上。到七十二街的船屋去租條船，你可以划到湖心，看得見第五大道跟中央公園西側的天際線。或者在湖邊找個角落縫隙，可以把船停靠岸邊，利用灌木叢遮蔽。你們彷彿可以聽見喬治‧蓋希文的〈藍色狂想曲〉輕聲播放的背景音樂。

　　有個小忠告：很多人去湖邊拍婚紗照，小心別讓人家拍到你們的光屁股！

譯註：Pale Male 是一隻九〇年代住在中央公園的出名紅尾鷹，
　　　　受到賞鳥人跟媒體高度關注，有自己的電視節目。

70

電話亭

完成日期：＿＿＿＿＿ 年 ＿＿＿＿＿ 月 ＿＿＿＿＿ 日

地　　點：＿＿＿＿＿＿＿＿＿＿＿＿＿＿＿＿＿＿

再來一次？一定要／或許／不玩了

需要道具：硬幣

風　　險：被國安局竊聽

註　　記：＿＿＿＿＿＿＿＿＿＿＿＿＿＿＿＿

＿＿＿＿＿＿＿＿＿＿＿＿＿＿＿＿＿＿＿＿＿＿

＿＿＿＿＿＿＿＿＿＿＿＿＿＿＿＿＿＿＿＿＿＿

　　超人不是唯一能善用電話亭的人。不過找到老式電話亭倒是一大障礙。不，現代最常見的半開式電話亭不符合我們的目的。假設你真的找到密閉式電話亭，仍然可能是全玻璃結構，一點隱私也沒有。請讓男方穿上雨衣，假裝打電話，動作要快！（你在倫敦或許比較有機會，不過英國醉漢總是容易把可愛的紅色電話亭當成公廁。真噁心。）

　　想要加料的話，把電話亭跟電話性愛（第34項）結合。從街角打電話給男友，說些淫穢的話，提議他出來見面。警察出現之前他早就完事了。打給所有暴露狂吧！

71

墓園

完成日期：＿＿＿＿ 年 ＿＿＿＿ 月 ＿＿＿＿ 日

地　　點：＿＿＿＿＿＿＿＿＿＿＿＿＿＿＿＿

再來一次？一定要／或許／不玩了

需要道具：花束、黑衣服

風　　險：管理員、僵屍

註　　記：＿＿＿＿＿＿＿＿＿＿＿＿＿＿＿＿

＿＿＿＿＿＿＿＿＿＿＿＿＿＿＿＿＿＿＿＿＿

＿＿＿＿＿＿＿＿＿＿＿＿＿＿＿＿＿＿＿＿＿

　對，聽起來有點褻瀆（而且恐怖），但是墓園性愛其實是禮讚生命的好地方。（而且墓碑的高度剛好可以撐住你的身體。）我們不是鼓吹在阿公阿嬤的墳上做，但墓園通常是很寧靜的地方，而且只要不是開放時間，現場有誰會告發你們？在巴黎，吉姆・莫里遜（Jim Morrison，已故搖滾歌手）長眠之地附近的拉雪茲神父（Pere-Lachaise）墓園是個相當熱門的嘿咻場所。我們建議也在墓園內其他名人的墓地試試：奧斯卡・王爾德（作家）、瑪麗亞・卡拉絲（女高音）、或馬歇爾・普魯斯特（作家）。我們猜想他們應該不會覺得是致敬（好吧，王爾德有可能），但我們也不覺得太過離經叛道。

　無論你選擇哪個墓園，盡量找掃墓者不太可能出現的地方。例如一八○○年代下葬的人，或是蕾歐娜・漢姆斯利（Leona Helmsley，紐約的飯店業富婆，以生性吝嗇著稱）的墳墓。

72

彈跳床

完成日期：＿＿＿＿＿ 年 ＿＿＿＿＿ 月 ＿＿＿＿＿ 日

地　　點：＿＿＿＿＿＿＿＿＿＿＿＿＿＿＿＿＿＿＿

再來一次？一定要／或許／不玩了

需要道具：著陸踏墊、計分卡

風　　險：扭傷腳踝、腰痠背痛

註　　記：＿＿＿＿＿＿＿＿＿＿＿＿＿＿＿＿＿＿＿

＿＿＿＿＿＿＿＿＿＿＿＿＿＿＿＿＿＿＿＿＿＿＿＿＿

＿＿＿＿＿＿＿＿＿＿＿＿＿＿＿＿＿＿＿＿＿＿＿＿＿

　迷戀太陽馬戲團的軟骨功藝人嗎？誰不覺得馬戲團那些特技演員很性感呢？上演自己的性感秀應該很好玩吧？呃，以下是你實現幻想的機會。彈跳床能夠提供普通地方沒有的各種彈力跟加速度。你在半空中會感覺輕快、有彈性、非常性感。最好是周圍有網子的彈跳床，因為你可以握著柱子作支撐。這樣的選擇性很多：跪下、跳躍、站立等等。

　先取得良好韻律，看你們跳到空中能做些什麼。小心不要摔出來了，否則很難向骨科醫師解釋。

73

遊樂設施上

完成日期：＿＿＿＿ 年 ＿＿＿＿ 月 ＿＿＿＿ 日

地　　點：＿＿＿＿＿＿＿＿＿＿＿＿＿＿＿＿＿＿＿

再來一次？一定要／或許／不玩了

需要道具：無

風　　險：嚇到吉祥物、保全人員

註　　記：＿＿＿＿＿＿＿＿＿＿＿＿＿＿＿＿＿＿

＿＿＿＿＿＿＿＿＿＿＿＿＿＿＿＿＿＿＿＿＿＿＿

＿＿＿＿＿＿＿＿＿＿＿＿＿＿＿＿＿＿＿＿＿＿＿

　　地中海海盜，大雷山，奇妙硬世界。好吧，是我
們的編輯不准我們用真實的設施名稱，但我們確定你
一定看得懂。在每個國家級的主題樂園總會有個漫長
緩慢的遊園車，用來通過陰暗的隧道。車上通常塞滿
酒醉的海盜或蕩婦，熱情地邀請你加入。

　　這些設施不是用來嚇人的（只要你們倆都沒有心
臟疾病，其實嚇人也挺好玩的），所以只要單獨在車
上或船上，有很多時間能讓你們毛手毛腳。（即使不
是獨處，誰在乎？你永遠不會再見到這些人，請準備
好安全槓一抬起來就拔腿狂奔。）如果你事後還是很
興奮，轉移陣地到艾波屌中心（Epcock Center，佛州
奧蘭多迪士尼樂園的明日世界 Epcot Center 謔稱）再
繼續。

74

紐奧良狂歡節

完成日期：＿＿＿＿年＿＿＿＿月＿＿＿＿日

地　　點：＿＿＿＿＿＿＿＿＿＿＿＿＿＿＿

再來一次？一定要／或許／不玩了

需要道具：珠鏈、青春活力

風　　險：「狂野女孩」外景小組

註　　記：＿＿＿＿＿＿＿＿＿＿＿＿＿＿＿

＿＿＿＿＿＿＿＿＿＿＿＿＿＿＿＿＿＿＿＿＿

＿＿＿＿＿＿＿＿＿＿＿＿＿＿＿＿＿＿＿＿＿

狂歡節性愛不是什麼成就，而是成長的必經過程。公開裸露或性愛不只容易，慶典群眾幾乎是鼓勵大家這麼做。不過你最好還是把這項局限於紐奧良、威尼斯或里約熱內盧。在你的家鄉遊行活動利用狂歡節當公然性交的藉口，可能毀掉你往後競選公職的機會。但如果你打算前往紀念狂歡節的城市，開心點，盡量融入氣氛，讓自己放縱一下。

譯註： Mardi Gras 是法國人傳入的風俗，字面意義是「油膩星期二」，因為天主教徒在復活節之前有齋戒期，齋戒前夕要大吃大喝狂歡一番。世界各地慶祝方式不同，例如在紐奧良是年輕人裸體飲酒作樂，雪梨則是同志遊行嘉年華。

75

高爾夫球場

完成日期：＿＿＿＿＿ 年 ＿＿＿＿＿ 月 ＿＿＿＿＿ 日

地　　點：＿＿＿＿＿＿＿＿＿＿＿＿＿＿＿＿＿＿

再來一次？一定要／或許／不玩了

需要道具：小白球

風　　險：草汁汙漬、桿弟來找遺失的球

註　　記：＿＿＿＿＿＿＿＿＿＿＿＿＿＿＿＿＿＿

＿＿＿＿＿＿＿＿＿＿＿＿＿＿＿＿＿＿＿＿＿＿＿＿＿

＿＿＿＿＿＿＿＿＿＿＿＿＿＿＿＿＿＿＿＿＿＿＿＿＿

　　我們知道你以為我們會利用輕鬆的「一桿進洞」比喻，所以我們不用，而且會盡量避免提到你伴侶的球桿大小。我們喜歡自認我們不只拾人牙慧而已。

　　老實說，兩名作者都不打小白球，但我們喜歡高爾夫球場……平順的草葉，精心修剪的草皮，可笑的衣服，還有可愛的球車。高爾夫球場很大，所以有很多地方能享有隱私。尋找球員們極力迴避的地方，例如水池跟沙坑。如果你能在（比方說）第四洞找到適當的地方，而且天黑才到，你幾乎確定可以有隱私，因為沒人那麼晚才開始打球。依照你們的體能，看你們一天之內能完成幾洞。哎呀！（還是破功了。）

76

地下停車場

完成日期：＿＿＿＿＿ 年 ＿＿＿＿＿ 月 ＿＿＿＿＿ 日

地　　點：＿＿＿＿＿＿＿＿＿＿＿＿＿＿＿＿＿＿＿

再來一次？一定要／或許／不玩了

需要道具：汽車

風　　險：管理員、誤按喇叭

註　　記：＿＿＿＿＿＿＿＿＿＿＿＿＿＿＿＿＿＿＿

＿＿＿＿＿＿＿＿＿＿＿＿＿＿＿＿＿＿＿＿＿＿＿＿＿

＿＿＿＿＿＿＿＿＿＿＿＿＿＿＿＿＿＿＿＿＿＿＿＿＿

我們知道聽起來不性感，但是地下停車場的潛力比你想像的高很多。

你跟伴侶剛從戲院看完性感電影回來？想去大賣場血拼，但是面對假日人潮之前需要激勵一下？或許你剛跟有一腿的同事離開辦公室，而且不想花錢上汽車旅館。各式各樣的情境，都能讓廉價的地下停車場發揮妙用。

我們建議把車開到最下層，通常那兒車子最少。氣氛會有點恐怖，但至少比較不會讓別人逮到。搖晃或起霧的車窗每次都會壞事。

77

熱氣球

完成日期：_____ 年 _____ 月 _____ 日

地　　點：_____

再來一次？一定要／或許／不玩了

需要道具：氦氣、操作課程

風　　險：懼高症、變成路過飛機的免費娛樂

註　　記：_____

_____

_____

　　只要有人會操作那玩意兒，熱氣球倒是做愛的最佳地點。否則除非你們跟氣球操作員一起玩 3P，不然就失禮了。假設上面只有你們兩個人，除了飛鳥沒有人看得見你們在大竹籃裡面幹什麼，而且 360 度視野相當壯觀。不要太投入享樂而忘了注意氣球內的溫度，掉下去的距離可是很遠的。

78

游泳池

完成日期：＿＿＿＿ 年 ＿＿＿＿ 月 ＿＿＿＿ 日

地　　點：＿＿＿＿＿＿＿＿＿＿＿＿＿＿＿＿＿＿

再來一次？一定要／或許／不玩了

需要道具：泳裝（前戲階段）

風　　險：細菌感染

註　　記：＿＿＿＿＿＿＿＿＿＿＿＿＿＿＿＿＿

＿＿＿＿＿＿＿＿＿＿＿＿＿＿＿＿＿＿＿＿＿＿

＿＿＿＿＿＿＿＿＿＿＿＿＿＿＿＿＿＿＿＿＿＿

　　在游泳池做愛是相當普遍的性幻想。問題是，如果你家沒有游泳池，那就沒什麼搞頭。你不能在兒童池裡玩什麼花樣，又不能在公共池裡面亂來。你最大的勝算是用別人家的泳池。你可能以為這麼做太失禮了，但我們認為朋友就是這時候用的（只要朋友不在家就好）。你取得泳池之後，還不能完全放心。還有女性缺乏潤滑的問題（參閱第 25 項按摩浴缸）。我們建議前半進、後半出的方式。

提示：在游泳池做愛的最佳後半段地點？就是跳水板上。這玩意
　　　也有它的難度，但是彈性很好而且比較衛生。

79

乾草倉庫

完成日期：_____ 年 _____ 月 _____ 日

地　　點：_____

再來一次？一定要／或許／不玩了

需要道具：連身工作服

風　　險：跌進豬舍、被釘耙戳到、蒼蠅

註　　記：_____

_____

_____

　　我們猜想「在稻草堆翻滾」這個片語是幾百年前的好色農夫跟擠牛奶女傭發明出來的。在任何實際營運的農場，乾草倉庫都是安靜的地方，其他地方則是相當忙碌。當然，可能會有些怪味道，而且乾草會讓人發癢。但是沒有更好的方式去接觸人類的農業根源了。（難道你寧可去擠牛奶嗎？）

　　首先，到處摸摸看草堆裡有沒有隱藏的釘耙，然後確認與窗戶距離會不會太近而有風險。最後，要確定農夫今天不會把乾草裝上車，連帶把你們運走。

80

童年臥室

完成日期：_____ 年 _____ 月 _____ 日

地　　點：_____

再來一次？一定要／或許／不玩了

需要道具：無

風　　險：高一女友照片引起伴侶吃醋、兄弟姊妹

註　　記：_____

_____

_____

很多錯誤只要走一趟童年臥室就能解決。青春期寂寞的夜晚，自以為這輩子注定要當處男當到死的煩惱，只要跟伴侶在童年的雙人床上滾一滾，馬上煙消雲散（或許你忘了從前收藏的棒球卡還塞在床底下）。這是個激勵的時刻，如果在父母身邊做的話更加刺激，他們會以為你在為她做「懷舊導覽」。

81

大賣場

完成日期：＿＿＿＿ 年 ＿＿＿＿ 月 ＿＿＿＿ 日

地　　點：＿＿＿＿＿＿＿＿＿＿＿＿＿＿＿

再來一次？一定要／或許／不玩了

需要道具：會員卡

風　　險：試吃攤位、堆高機意外、超低折扣日

註　　記：＿＿＿＿＿＿＿＿＿＿＿＿＿＿＿

＿＿＿＿＿＿＿＿＿＿＿＿＿＿＿＿＿＿＿＿

＿＿＿＿＿＿＿＿＿＿＿＿＿＿＿＿＿＿＿＿

　　大賣場完全沒有性感的成分。老實說，還有點倒胃口。但是對咱們許多人來說，這是唯一能跟伴侶獨處不帶小孩的時候。有時白天把小孩單獨留在家裡或送去奶奶家是你們擠得出來的唯一浪漫機會。但是寬闊的走道、人山人海的顧客跟晃來晃去的員工讓你幾乎不可能在店裡做愛。所以才會這麼刺激。或許在電池貨架開始前戲，在番茄醬貨架愛撫，在存貨區完結。記得離每週特價品越遠越好。

　　三號走道需要整理！

82

電玩遊樂場

完成日期：_____ 年 _____ 月 _____ 日

地　　點：_____

再來一次？一定要／或許／不玩了

需要道具：大量硬幣或代幣

風　　險：憤怒的吉祥物老鼠

註　　記：_____

_____

_____

　　除了到處都有死小孩之外，電玩遊樂場倒是個嘿咻的好地方。想想那些坐下來的賽車遊戲跟比較隔離的虛擬實境隔間。讓小鬼們安靜聽話又是另一回事，但應該辦得到。買好一百個代幣，丟到對面的角落去。然後手腳要快！或者，很多遊樂場有燈光昏暗的雷射遊戲空間，到處都有陰暗角落。這招風險很高，我們只建議最勇敢的情侶嘗試。

83

樹屋裡

完成日期：＿＿＿＿ 年 ＿＿＿＿ 月 ＿＿＿＿ 日

地　　點：＿＿＿＿＿＿＿＿＿＿＿＿＿＿＿＿＿＿＿

再來一次？一定要／或許／不玩了

需要道具：無

風　　險：木頭碎片、松鼠騷擾、誤捅蜂窩

註　　記：＿＿＿＿＿＿＿＿＿＿＿＿＿＿＿＿＿＿

＿＿＿＿＿＿＿＿＿＿＿＿＿＿＿＿＿＿＿＿＿＿＿

＿＿＿＿＿＿＿＿＿＿＿＿＿＿＿＿＿＿＿＿＿＿＿

　　如果能設法瞞著鄰居的孩子溜進樹屋裡，許多童年幻想都可以實現。即使對象不是什麼帥哥美女大明星，在樹上嘿咻都是青少年的夢想——把色情雜誌藏在樹屋不是沒道理的。後院的樹屋太明顯了，最好是蓋在樹林裡。幸運的話，你或許可以找到前人遺棄的舊屋。找到的話，別理會「禁止女生進入」的告示！稍後你還可以找國一的死黨，告訴他你也在樹屋上做過了。（註：他八成是吹牛的。）

84

遊樂場

完成日期：＿＿＿＿ 年 ＿＿＿＿ 月 ＿＿＿＿ 日

地　　點：＿＿＿＿＿＿＿＿＿＿＿＿＿＿＿＿＿＿

再來一次？一定要／或許／不玩了

需要道具：無

風　　險：擦破膝蓋、生氣的父母

註　　記：＿＿＿＿＿＿＿＿＿＿＿＿＿＿＿＿＿

＿＿＿＿＿＿＿＿＿＿＿＿＿＿＿＿＿＿＿＿＿＿＿

＿＿＿＿＿＿＿＿＿＿＿＿＿＿＿＿＿＿＿＿＿＿＿

　　好吧，我們知道在兒童遊樂場裡嘿咻有點難以想像。我們也不提倡在有小孩的時候做。但是小鬼們不在時，何不試試蹺蹺板？考驗你的平衡感，看你們翻倒之前能做出幾種體位。喜歡性愛暈眩感的人，旋轉木馬也很好玩。但是說到在遊樂場裡胡搞，重點還是在鞦韆。鞦韆是極佳的性愛工具，有些公司還生產特製的家用鞦韆。（不過就算打死我們，我們也想不出怎麼向親朋好友解釋，尤其是家裡沒有小孩的話。）

85

雲霄飛車

完成日期：＿＿＿＿＿年＿＿＿＿＿月＿＿＿＿＿日

地　　點：＿＿＿＿＿＿＿＿＿＿＿＿＿＿＿＿＿

再來一次？一定要／或許／不玩了

需要道具：無

風　　險：懼高症、暈車

註　　記：＿＿＿＿＿＿＿＿＿＿＿＿＿＿＿＿＿

＿＿＿＿＿＿＿＿＿＿＿＿＿＿＿＿＿＿＿＿＿＿＿

＿＿＿＿＿＿＿＿＿＿＿＿＿＿＿＿＿＿＿＿＿＿＿

　　說真的，除了太空人，多少人能宣稱曾經頭下腳上嘿咻過？雲霄飛車能夠幫你做到。我們了解在上面可能分心，無論如何請不要貿然解開安全帶。覺得根本不可能？請去租馬克・華伯格跟莉絲・薇斯朋主演的「致命的危機」（Fear），看他們如何搭配 U2 合唱團的〈野馬〉背景音樂在雲霄飛車上做。然後你就可以上場了。你會感覺心臟快從喉嚨掉出來了，或是熱狗跟乳酪薯條從胃裡吐出來了？很快你就會知道。

86

玉米田裡

完成日期：＿＿＿＿ 年 ＿＿＿＿ 月 ＿＿＿＿ 日

地　　點：＿＿＿＿＿＿＿＿＿＿＿＿＿＿＿＿＿＿

再來一次？一定要／或許／不玩了

需要道具：無

風　　險：殺蟲劑、迷路的小孩

註　　記：＿＿＿＿＿＿＿＿＿＿＿＿＿＿＿＿＿＿

＿＿＿＿＿＿＿＿＿＿＿＿＿＿＿＿＿＿＿＿＿＿＿＿

＿＿＿＿＿＿＿＿＿＿＿＿＿＿＿＿＿＿＿＿＿＿＿＿

　　這年頭似乎每座家庭農場都想壓倒隔壁農場，在成長季節末期做出越來越精緻的玉米田迷宮。他們能設計出要花好幾小時才走得出來的迷宮。我們有兩個建議：第一，如果你有小孩，希望清靜一陣子，把他們單獨丟進迷宮裡（多帶點水）。你們會有很多時間溜回車上，來點大人的遊戲，甚至事後參觀農場攤位。

　　如果你決心在真正的玉米田裡做，別忘了裡面通常有架高的展望臺，所以你需要一點掩護。進去之前在入口買些玉米株，當你發現適當的幽會地點，把玉米株像盾牌一樣排在前面，沒有人會那麼聰明。

87

摩天輪

完成日期：_____ 年 _____ 月 _____ 日

地　　點：_____

再來一次？一定要／或許／不玩了

需要道具：門票、毛毯或毛衣

風　　險：如果你看得見其他乘客，他們也看得見你

註　　記：_____

_____

_____

這是雙關語，嘗試實踐這一招，你不需要重新發明輪子。你們已經在清涼夏夜的六十呎高空中單獨並肩坐著。幸運的話，你們會卡在最高點，等操作員上下乘客（塞給他小費，可以確保他照辦）。在腿上蓋條毛毯或毛衣，享受風景……還有彼此。或許沒有飛機上那麼刺激，但也夠美妙了。

88

渡輪上

完成日期：_____ 年 _____ 月 _____ 日

地　　點：_____

再來一次？一定要／或許／不玩了

需要道具：暈船藥

風　　險：暈船、愛管閒事的船長

註　　記：_____

_____

_____

　　你知道有些人用整個夏天想要走遍每座大聯盟球場嗎？我們則是想用整個夏天盡量做遍每一種渡輪。登船之後，船隻的搖晃宛如發出一種情欲的邀請。渡輪通常位在風光明媚的渡假小島，所以是展開暑假的好方式。

　　視渡輪種類不同，你們可以待在車上或出來在船上走來走去。有的渡輪行程只有三分鐘，但你們還是可以在車上愛撫一番。要先付錢，讓收票員不會再看你們一眼，你們就可以盡情辦事了。有的渡輪行程長達幾小時，這等於租了短期的旅館房間。沒人在乎你們下不下車。打開窗戶，享受鹹鹹的海風，實踐你們遺世獨立的幻想吧。或者假裝在演「鐵達尼號」，你們是凱特跟李奧納多在古董車後座。如果你們開的是裕隆怎麼辦？請發揮想像力。

89

中央公園的馬車上

完成日期：＿＿＿＿＿ 年 ＿＿＿＿＿ 月 ＿＿＿＿＿ 日

地　　點：＿＿＿＿＿＿＿＿＿＿＿＿＿＿＿＿＿＿＿

再來一次？一定要／或許／不玩了

需要道具：無

風　　險：路面坑洞、剛餵飽的馬

註　　記：＿＿＿＿＿＿＿＿＿＿＿＿＿＿＿＿＿＿＿

＿＿＿＿＿＿＿＿＿＿＿＿＿＿＿＿＿＿＿＿＿＿＿＿＿

＿＿＿＿＿＿＿＿＿＿＿＿＿＿＿＿＿＿＿＿＿＿＿＿＿

　　我們寫這 101 個地點時想要含糊一點，讓讀者可以隨時隨地完成這些挑戰。但某些地點太具有代表性，又有絕對必要去試試，我們覺得不寫不行。搭馬車遊街通常是觀光客的玩意，我們認識的人都沒搭過。但我們確定有些觀光客已經想出辦法「真正」享受這趟旅程。你們窩在一個寬敞的後座，車夫在前面，如果是冬天，還有毛毯蓋住你們的腿。當你們喀啦喀啦繞著公園走，看看你們可以認出多少紐約市的地標：左邊是皮耶飯店，那邊是達科塔大廈，南邊是帝國大廈……

90

屋頂上

完成日期：＿＿＿＿ 年 ＿＿＿＿ 月 ＿＿＿＿ 日

地　　點：＿＿＿＿＿＿＿＿＿＿＿＿＿＿＿＿

再來一次？一定要／或許／不玩了

需要道具：通往屋頂的鑰匙

風　　險：破瓶罐、其他人幽會留下的「廢棄物」

註　　記：＿＿＿＿＿＿＿＿＿＿＿＿＿＿＿

＿＿＿＿＿＿＿＿＿＿＿＿＿＿＿＿＿＿＿＿

＿＿＿＿＿＿＿＿＿＿＿＿＿＿＿＿＿＿＿＿

　　話要說清楚，我們說的屋頂是指在都市背景之中。在鄉下民房的斜屋頂上做起來沒什麼魅力。我們看到報上說南方有對年輕人裸體在房子地面被發現。因為他們在斜屋頂上嘿咻，不慎滾落。請嚴守安全性愛……找個水平的地方。

　　不，我們想的是「西城故事」那種水泥叢林的氣氛。屋頂幽會確實有種魔力，周圍有幾百萬人但是看不見，頭上是開闊的天空，還有夏夜的溫暖空氣──屋頂簡直是城市中的綠洲。但要確認你家大樓的其他住戶是不是也這麼想。

91

獨木舟上

完成日期：_____ 年 _____ 月 _____ 日

地　　點：_____

再來一次？一定要／或許／不玩了

需要道具：乾毛巾、泳裝

風　　險：被水母叮

註　　記：_____

_____

_____

　　有時候目的地不重要，重點在過程。比方說你們搭一條雙人獨木舟，在炎熱的夏天划了好幾小時。你們在湖泊、海峽或海灣之類的中央。如果你們在船上嘿咻，最壞的狀況還能怎樣？翻船，你們泡溼了，爬回船上，繼續划。但是如果成功的話，你們就可以在同儕之間吹噓。我們可以接受這個風險／報酬比率。

　　獨木舟的設計其實要有劇烈搖擺才會翻船。某些有挖出個洞讓人坐進去，但是海洋用獨木舟的設計是讓人坐在頂上，比較像是馬鞍。光是嘗試彼此撫摸而不翻船就是一大冒險。

92

圖書館書堆

完成日期：＿＿＿＿ 年 ＿＿＿＿ 月 ＿＿＿＿ 日

地　　點：＿＿＿＿＿＿＿＿＿＿＿＿＿＿＿＿＿＿

再來一次？一定要／或許／不玩了

需要道具：借書證

風　　險：館員

註　　記：＿＿＿＿＿＿＿＿＿＿＿＿＿＿＿＿＿＿

＿＿＿＿＿＿＿＿＿＿＿＿＿＿＿＿＿＿＿＿＿＿

＿＿＿＿＿＿＿＿＿＿＿＿＿＿＿＿＿＿＿＿＿＿

　　古騰堡發明印刷機之後不久，其他沒沒無聞但同樣聰明的傢伙就發明了在書堆上做愛。最好在大學圖書館裡嘗試（而不是市區的分館，如果你們被抓到會變成終生拒絕往來戶），細節留給想要的人去想。獨處幾個小時？厭倦了啃化學書？這是另一個罕見、可承擔的 DIY 時刻。發現角落有間經常沒人的研究生專用閱覽室？跟你的讀書伴侶善加利用吧。圖書館性愛很像賭城——發生在那裡的事都不算數。書呆子跟聰明女生？可以。同志幽會？沒問題。教授跟女學生？來吧，寶貝！請避開商業區等交通繁忙地帶，還有陳列本書作者著作的書架。

93

歌劇院包廂

完成日期：＿＿＿＿ 年 ＿＿＿＿ 月 ＿＿＿＿ 日

地　　點：＿＿＿＿＿＿＿＿＿＿＿＿＿＿＿＿＿

再來一次？一定要／或許／不玩了

需要道具：正式服裝（必備）

風　　險：其他觀眾的望遠鏡、像詠嘆調的高潮叫春

註　　記：＿＿＿＿＿＿＿＿＿＿＿＿＿＿＿＿＿

＿＿＿＿＿＿＿＿＿＿＿＿＿＿＿＿＿＿＿＿＿＿＿

＿＿＿＿＿＿＿＿＿＿＿＿＿＿＿＿＿＿＿＿＿＿＿

如果你看過「發暈」或「麻雀變鳳凰」，你就知道歌劇可以改變個性、感動人心，而且讓人興奮。歌劇（即使你一個字也聽不懂）的重點就是激情、背叛與情欲。音樂很好聽，但是老實說，時間實在太長了。向有教養的伴侶炫耀的最佳方式，就是在大型歌劇院買兩張私人包廂的票。你們必須盛裝打扮，在狹窄空間內幾乎與世隔絕，沒人看得見你們在那麼高的地方幹什麼。記得在落幕之前完事。

94

吊床上

完成日期：＿＿＿＿年＿＿＿＿月＿＿＿＿日

地　　點：＿＿＿＿＿＿＿＿＿＿＿＿＿＿＿＿

再來一次？一定要／或許／不玩了

需要道具：防晒油

風　　險：繩索擦傷、蚊子叮

註　　記：＿＿＿＿＿＿＿＿＿＿＿＿＿＿＿＿

＿＿＿＿＿＿＿＿＿＿＿＿＿＿＿＿＿＿＿＿＿

＿＿＿＿＿＿＿＿＿＿＿＿＿＿＿＿＿＿＿＿＿

　　吊床令人想起慵懶的夏日天氣、冒泡的小雨傘飲料、還有假日。它也應該讓你想起最愛的性愛方式。吊床的設計可以承受很大的重量，所以如果安裝正確，即使兩個人爬上去也不會拖地。它可以適應體型，而且還會搖擺！夫復何求？吊床性愛在加勒比海假期幾乎是必修課，所以找個遠離道路的地方，晚餐後在月光下散步過去。這招可以享受所有海灘性愛的樂趣，但沒有沙子會跑進屁股裡。（呃，除非你們搖得太激烈，不幸跌到地上！）

95

溫室裡

完成日期：_____ 年 _____ 月 _____ 日

地　　點：_____

再來一次？一定要／或許／不玩了

需要道具：無

風　　險：花粉過敏、蜜蜂叮

註　　記：_____

_____

_____

　　不想花大錢去加勒比海度假？怕搭飛機？那麼溫室最適合你了。到你家附近的苗圃，要求參觀罕見的蘭花。在溫室裡，你會在 90％溼度中被漂亮的植物包圍。帶著錄好吉米・巴菲特（Jimmy Buffett，鄉村歌手）跟鮑伯・馬利（Bob Marley，雷鬼歌手）歌曲的 iPod。如果你能夾帶一瓶雞尾酒進去，那就萬事俱備了。如果銷售員問你們為什麼張開毯子、穿泳裝，告訴他你需要跟蘭花獨處一陣子，看哪一棵真的跟你有緣。

96

火車上

完成日期：_____ 年 _____ 月 _____ 日

地　　點：_____

再來一次？一定要／或許／不玩了

需要道具：車票

風　　險：愛講八卦的剪票員

註　　記：_____

_____

_____

　　火車性愛有很多種衍生型。首先，雖然有臥舖車，但可不像字面上看起來那麼直接了當。這類車廂的床位通常很小，真的不適合兩個人擠。抓緊最靠近牆壁的地方，否則如果火車傾斜，你們就有一人會摔到地上，最好不是你。至於通勤車廂的性愛可以視為下班後的有趣活動，但是有隱私的顧慮。（筆記型電腦稱作 laptop 並不表示能遮住你的腿。）當然，你們可以溜進廁所去，但是那兒通常不會太乾淨宜人。我們的建議：試試貨車上的員工車廂。

97

旋轉木馬

完成日期：_____ 年 _____ 月 _____ 日

地　　點：_____

再來一次？一定要／或許／不玩了

需要道具：好運氣

風　　險：暈眩

註　　記：_____

_____

_____

　　這招像鋼管舞加上特技表演。如果做得到，找個辦法搭乘無人的旋轉木馬（現金在這種時候特別好用）。找一匹靠內側、有鋼管貫穿的馬，呃，然後女性表演鋼管舞，讓男人在後面的馬背上喝采。若是害羞的新手，設施裡總有幾輛復古造型馬車。我們一向認為只有呆子跟膽小鬼才會坐，但或許他們知道一些我們不懂的事。爬進去開始玩吧！

98

橋梁上

完成日期：_____ 年 _____ 月 _____ 日

地　　點：_____

再來一次？一定要／或許／不玩了

需要道具：高空彈跳繩索（適合重鹹口味）

風　　險：飛魚、路過車輛

註　　記：_____

_____

_____

　　橋梁真是胡搞瞎搞的好地方，有點刺激性，但是又比懸崖之類安全多了。有很多種不同橋梁可以嘗試：吊橋，公路橋，石橋。絕大多數的橋梁都有可能，但我們的浪漫天性還是偏愛有遮蔽的橋，在東北部、賓州艾米許人居住區、麥迪遜郡很常見。

　　你甚至可以根據在多少橋梁上做過，設計一個橫跨美國的公路旅程（稱作「橋梁與隧道之旅」）。喬治・華盛頓大橋，金門大橋……有無限可能。

　　我們要提醒你：不要為了好位置攀爬任何東西，別往外靠太遠，在重要大型橋梁上不要全裸，絕對不要。（自從九一一事件之後，橋梁都有人嚴密看守。）最佳策略或許是扮成牽車過橋的單車騎士（但是緊身衣並不好脫）。

99

高中同學會

完成日期：_____ 年 _____ 月 _____ 日

地　　點：_____

再來一次？一定要／或許／不玩了

需要道具：高中文憑

風　　險：畢業紀念冊的註記——當年不性感，現在
　　　　　也不怎麼樣

註　　記：_____

_____

_____

　　你在畢業舞會上沒爽到？我們也沒有！現在有個補救的機會。

　　如果你已婚或有固定對象，這個策略幾乎萬無一失。首先，記住你有整晚的時間。別因為急著完成第 99 項而縮短慶祝活動。輕鬆地跟老同學打混，跟老朋友交換現況。但別忽略了那些讓你的青春期苦不堪言的壞傢伙。向他們介紹你的伴侶，當他們想不通你怎麼把得到這樣的美女，欣賞他們的表情。說再見，承諾改天再連絡，然後到樓上開房間整夜做愛，讓你的整班同學隨著休·路易（Huey Lewis，八〇年代搖滾歌手）的爛歌繼續跳舞。

　　如果你還單身，別氣餒。永遠不要低估懷舊性愛的威力。掃描整個會場尋找高二的舊情人，灌她幾杯長島冰茶，不到午夜你們就會變回精蟲衝腦的十六歲小鬼。

提示：最好別拖過二十週年高中同學會再完成這項。禿頭、中年發福跟地心引力──太晚就沒什麼樂趣了。

100

大學校園

完成日期：_____ 年 _____ 月 _____ 日

地　　點：_____

再來一次？一定要／或許／不玩了

需要道具：通過入學考

風　　險：兄弟會的同伴

註　　記：_____

_____

_____

　　當你查閱字典裡的「年少輕狂」，其中一定包括這項。你有四年時間可以完成，但是我們建議你盡量延後。原因之一，女生可能被姊妹會的姊妹淘逮到，不到幾分鐘妳的淫蕩行徑就會成為網路熱門話題。

　　請改在畢業典禮之後立刻嘗試，這樣恥辱只會延續到你搬出宿舍房間為止。手腳要快。如果你是女性，考慮口交就好。你們事後還是可以吹噓（或有資格進行任何糊塗的儀式，願老天保佑），但至少警衛找到你們時，妳不是裸體的現行犯。

　　如果你早已遠離大學歲月，你還是有選擇。同學會是向配偶介紹你最愛的校園景點的好藉口。或者到當地社區大學上個夜間部也行。你以為這件事為什麼稱作「成人教育」？

101

讀者自選

完成日期：＿＿＿＿＿ 年 ＿＿＿＿＿ 月 ＿＿＿＿＿ 日

地　　點：＿＿＿＿＿＿＿＿＿＿＿＿＿＿＿＿＿＿＿

再來一次？一定要／或許／不玩了

需要道具：你的想像力

風　　險：＿＿＿＿＿＿＿＿＿＿＿＿＿＿＿＿＿＿＿

註　　記：＿＿＿＿＿＿＿＿＿＿＿＿＿＿＿＿＿＿＿

＿＿＿＿＿＿＿＿＿＿＿＿＿＿＿＿＿＿＿＿＿＿＿＿＿

＿＿＿＿＿＿＿＿＿＿＿＿＿＿＿＿＿＿＿＿＿＿＿＿＿

　　我們希望前面的一百個地點已經提供你一些靈感跟創意。我們希望你沒有被逮到也沒有受傷。對那些已經老夫老妻的讀者，我們希望有幫你激盪出一些新火花。對於剛認識的情侶，我們猜想你很快就能完成大約二十項。現在你已經讀完這本書，我們給你機會想出自己的第 101 項。作者遺漏了什麼？歡迎寫信到 marshaandjoseph@gmail.com 來告訴我們。

NW 新視野 078

找 G 點不如換地點　101個精選激情升天處
101 Places to Have Sex Before You Die

作　　者：瑪莎‧諾曼第（Marsha Normandy）
　　　　　約瑟夫‧聖詹姆斯（Joseph St. James）
譯　　者：李建興
總 編 輯：林秀禎
編　　輯：李國祥
出 版 者：英屬維京群島商高寶國際有限公司台灣分公司
　　　　　Global Group Holdings, Ltd.
地　　址：台北市內湖區洲子街88號3樓
網　　址：gobooks.com.tw
電　　話：(02) 27992788
E-mail：readers@gobooks.com.tw（讀者服務部）
　　　　　pr@gobooks.com.tw（公關諮詢部）
電　　傳：出版部 (02) 27990909　　行銷部 (02) 27993088
郵政劃撥：19394552
戶　　名：英屬維京群島商高寶國際有限公司台灣分公司
發　　行：希代多媒體書版股份有限公司/Printed in Taiwan
初版日期：2009 年9月

國家圖書館出版品預行編目資料

```
找G點不如換地點 ： 101個精選激情升天處/瑪莎.
諾曼第(Marsha Normandy), 約瑟夫. 聖詹姆斯
(Joseph St. James)著; 李建興譯 -- 初版. -- 臺
北市 ： 高寶國際出版 ： 希代多媒體發行, 2009.09
　面 ； 　公分. -- (新視野 ； NW078)
　譯自 ： 101 places to have sex before you die
ISBN 978-986-185-350-5(平裝)

1. 性知識

429.1                                          98014538
```